魔法蛋糕
plus

（日）荻田尚子 著　　周小燕 译

煤炭工业出版社
·北京·

加入饼干底

加入果酱

Quatre Textures

Introduction

不可思议的美味魔法蛋糕

génoise
crème
flan

plus

魔法蛋糕是一种来自法国的新式甜点。
这种不可思议的蛋糕烘烤后会变成3层，
因制作简单又非常好吃而广受欢迎，
如今不仅风靡法国，在世界范围内也备受追捧。
它也因本书的前作——《魔法蛋糕》而席卷日本。
所以，现在魔法蛋糕不仅仅是一种流行，
还是一种受到肯定的新式甜点。

本书用"plus"的魔法使蛋糕变出更多花样。
原来3层的蛋糕会变成4层，甚至5层！
plus的关键就是加入其他材料，
为魔法蛋糕增添一层魅力。

以纽约风奶酪蛋糕为例，
加入饼干，
做成酥脆的饼干底，
和蛋糕原本的布丁层、奶油状蛋糕层、海绵蛋糕层完美融合后，
便成了具有全新口感的魔法蛋糕。
或者加入果酱，
将面包涂满果酱，再倒入蛋糕糊，
做成果香浓郁的魔法蛋糕。

如果再追加1个鸡蛋，
分量十足的魔法蛋糕就做好了，
加入盐代替砂糖，
又变成了像咸派一样适合搭配葡萄酒的咸味魔法蛋糕。

千万不要错过制作方法如此简单轻松的甜点。
让我们尽情享受魔法蛋糕带来的乐趣吧。

Sommaire
目录

加入果酱的
魔法蛋糕

加入饼干底的
魔法蛋糕

咸味魔法蛋糕

多加 1 个鸡蛋的魔法蛋糕

本书的使用方法

· 书中大部分的蛋糕使用的是直径15cm的圆形模具，也有的使用的是边长15cm的慕斯模具。但这两种模具使用的材料分量相同，具体参考P10~11。

· 书中所有的蛋糕都使用电烤箱烘烤。烤箱的型号不同，烘烤时间也有所不同，要一边烘烤，一边观察蛋糕的状态。若使用的是煤气烤箱，可参考电烤箱的烘烤时间。

· 书中使用的微波炉的功率为600W，要根据所使用的微波炉的功率，相应地调整加热时间。

· 1大匙=15mL，1小匙=5mL。

La recette de base { Vanille 香草 }

基础魔法蛋糕的做法

这里先复习一下最普通的魔法蛋糕的做法。
步骤**6**中的蛋黄糊和蛋白霜的混合方法是制作成功的关键。

材料［直径15cm的圆形模具1个］

◆ **蛋黄糊**

蛋黄……………	2个（约40g）
细砂糖…………	45g
黄油……………	60g
低筋面粉………	50g
牛奶……………	250mL
香草豆荚………	1/4根

◆ **蛋白霜**

蛋白……………	2个（约60g）
细砂糖…………	25g

糖粉…………………… 适量

分离鸡蛋的蛋黄和蛋白，分别放入大碗内。蛋白在使用前冷藏备用。

提前准备

· 用刀纵向切开香草豆荚，刮出香草籽。在小锅内放入牛奶、香草豆荚、香草籽，用小火加热，锅的边缘开始冒泡后关火，盖上锅盖，静置冷却到约50℃。

→ 这个步骤仅限"香草蛋糕"。也可以用1/2小匙香草精代替香草豆荚，在步骤4中和牛奶一起放入蛋黄糊中搅拌即可。

· 隔水加热黄油ⓐ，冷却到常温（约25℃）。

→ 即使化开的黄油油水分离也没关系。

· 低筋面粉过筛ⓑ。

→ 提前过筛备用，不会形成疙瘩，操作也会更顺畅。

· 在模具中铺上烘焙用纸。

→ 一定要使用底部固定的模具。详见P10。

· 在方盘内铺上2张烘焙用纸，放入烤箱的烤盘中。

→ 这样可以减弱自下而上的火力。建议使用比模具略大、深约3cm的方盘。烘烤前将模具放在方盘内，再在方盘内倒入热水。

· 将热水（分量以外）煮沸，冷却到约60℃。

→ 将冷却好的热水倒入方盘内。热水温度尽量在60℃左右。

· 烤箱预热到150℃。

→ 预热时间根据烤箱型号不同而有所差别。要算好时间，再开始预热。

ⓐ

用刀背刮出香草籽，和豆荚一起放入牛奶中。

ⓑ

用粉筛或网目较大的滤网给面粉过筛，在下面放上烘焙用纸接住落下的面粉。

1. 在蛋黄中放入砂糖，搅拌均匀

制作蛋黄糊。在碗内放入蛋黄和细砂糖，用打蛋器画圈搅拌至颜色发白。

将碗底放在湿毛巾上会更容易搅拌。搅拌到看不到细砂糖的颗粒，颜色略微发白即可。

2. 倒入化开的黄油搅拌

将化开的黄油倒入**1**中，搅拌到材料完全融合。

将黄油静置冷却至常温后，再加入碗中。

搅拌至黄油融入蛋黄糊即可。

3. 放入低筋面粉搅拌

将低筋面粉倒入**2**中，画圈搅拌2~3分钟，直至蛋黄糊具有光泽。

在搅拌过程中，面糊会渐渐变重，要使劲搅拌。

搅拌至提起打蛋器，面糊能缓缓落下，还能在碗中留下痕迹即可。

4.倒入牛奶搅拌

取出香草豆荚，在**3**中倒入1/4的牛奶，搅拌均匀，使其与蛋黄糊融合。再倒入剩余的牛奶继续搅拌，直至蛋黄糊变成质地均匀的液体。

在这个配方中，略微加热牛奶是为了使其浸染上香草豆荚的香气，制作其他口味的蛋糕时，使用的是常温（约25℃）牛奶。搅拌均匀即可。

将牛奶全部倒入后，蛋黄糊会变成液体状，这样很正常，没有关系。

5.打发蛋白

制作蛋白霜。另取一碗，放入蛋白，用电动打蛋器的低速打发约30秒。放入1/2的细砂糖，一边在碗内大幅度旋转打蛋器，一边用高速打发约30秒。放入剩余的细砂糖，再打发约30秒，然后转低速继续打发约1分钟。打发至蛋白霜具有光泽，提起打蛋器有小角立起即可。

放入砂糖会更易打发。最初的30秒打发是为了使蛋白中混入大量空气，最后1分钟的打发是为了整理纹路。

若提起打蛋器有小角立起，就说明打发完成。立刻和蛋黄糊混合。

6.制作蛋糕糊

将蛋白霜倒入蛋黄糊内，用打蛋器从底部向上翻拌5～6次（大致混合）。再用打蛋器的前端将浮在表面的蛋白霜轻轻打散。

用打蛋器将蛋糕糊从碗底向上翻拌5～6次。拍落挂在打蛋器上的蛋白霜。

下层是液态的蛋黄糊，中层是蛋白霜和蛋黄糊的混合物，上层是残留的小块蛋白霜。

用打蛋器的前端将表面的蛋白霜打散抹匀。如图中的状态即可。

7.将蛋糕糊倒入模具中

在模具内慢慢倒入**6**，用硅胶刮刀将表面抹平。

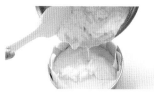

面糊的状态如图。不用担心液体和蛋白霜是分离的状态。

倒入后，液体会渗到下面，蛋白霜浮在表面。将表面的蛋白霜抹平。

8.放入烤箱，隔水蒸烤

将模具放入方盘中，在方盘内倒入深约2cm的热水。放入预热好的烤箱下层，烘烤30～35分钟。

用"隔水蒸烤"的方式烘烤。在方盘内放入模具，倒入热水。也可以用比模具略大一圈的挞盘代替方盘。若使用的耐热容器过厚，自下而上的火力就会太弱，这样可能不能烤出下层的布丁层。烘烤15～20分钟后，调换烤盘的前后位置，使其受热均匀。

9.散热，放入冰箱冷藏

将竹扦斜着从蛋糕边缘插入，拿出后粘有黏稠的奶油状蛋糕糊即可。连同模具一起在室温下静置散热后，盖上保鲜膜，放入冰箱冷藏2小时以上。脱模，撒上糖粉，切成喜欢的大小。

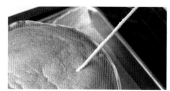

中间一层呈奶油状即可。若中间一层仍接近液体状，就要继续烘烤，每5分钟用竹扦查看一次状态。完全冷却后，放入冰箱冷藏。

使用的模具

直径 15cm 的圆形模具（底部固定）

◎本书使用的是基础的直径15cm的圆形模具，也被称为"奶油蛋糕模具"。

◎由于蛋糕糊的下层接近液体状，若使用活底模，蛋糕糊就容易溢出。另外，铺在模具中的烘焙用纸一定要用右侧的方法裁剪。不要使用底部和侧面分离的裁剪方法，这样也会让蛋糕糊溢出。

◎建议模具使用热传导较好的马口铁材质。但马口铁材质长时间与蛋糕接触容易生锈，因此放入冰箱冷藏前要把蛋糕放入另一容器中。

◎使用硅胶模具时，就没有必要铺入烘焙用纸了，但由于硅胶导热性能比金属差，所以要延长烘烤时间。

◎在第三章中，由于蛋糕糊的分量较多，裁剪烘焙用纸时，侧面要比制作其他蛋糕时留得高一些。

1.

将模具放在边长约30cm的正方形烘焙用纸的中间，用铅笔描出底边ⓐⓑ。

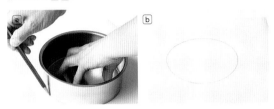

2.

如图所示，折3折ⓒⓓⓔ，再将外侧的边缘剪成弧形ⓕ，然后纵向剪一刀，剪到铅笔画线的位置为止ⓖⓗ。

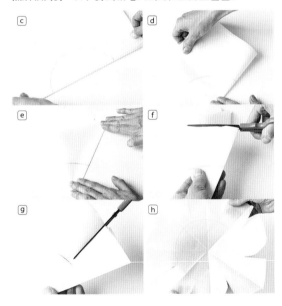

3.

将铅笔画线的一面朝下，铺入模具中ⓘⓙ。

边长 15cm 的慕斯模具

1.

将模具放在边长约30cm的正方形烘焙用纸的中间，用铅笔描出底边 ⓐⓑ。

2.

将铅笔画线的一面向下。从模具底部描边稍内侧的地方开始，分别沿着4条描边向内折叠 ⓒⓓⓔⓕ，再如图剪开折出的4个角 ⓖⓗ。

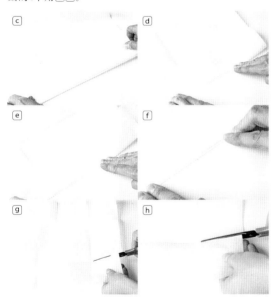

3.

将铅笔画线的一面朝下，铺入模具中。

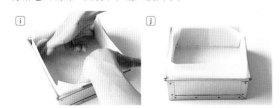

◎边长15cm的慕斯模具与直径15cm的圆形模具使用的材料分量相同。

◎虽然方形模具比圆形模具的表面积略大，但高度略低，因此要稍微缩短烘烤时间。

其他

◎与制作基础魔法蛋糕相等份量的材料需要使用2个长18cm的磅蛋糕模具（分别倒入等量的蛋糕糊）。烘烤时间比基础魔法蛋糕的短。

◎也可以用3个直径约10cm的蒸碗烘烤。烘烤时间以30分钟左右为宜。

◎若模具口径狭窄，可以用汤勺舀入蛋糕糊。要把蛋糕糊的上层（蛋白霜）和下层（液体）平均分配到各个模具中。

◎若使用直径18cm的圆形模具，可以准备1.5倍的材料（第三章除外）。

Ustensiles

使用的工具

碗

制作蛋糕糊的蛋黄和蛋白要分别打发，所以要使用2个碗。这里使用的是直径20cm、深10cm的碗。用这种口径窄，底部深的大碗，搅拌会更有效率。

打蛋器

不锈钢材质，建议使用钢丝数量较多的打蛋器。图片中是糕点师推荐的MATFER的打蛋器。

电动打蛋器

普通的打蛋器都可以，但最好不要用太廉价的，可能搅拌力较弱。按照配方建议的搅拌时间操作即可，最后再通过面糊的状态调整搅拌时间。

硅胶刮刀

建议使用耐热的硅胶材质。硅胶刮刀质地柔软，能把碗内的沟缝刮干净。一体成型，没有多余接缝的刮刀最好。

滤网

过筛低筋面粉时使用。当然也可以使用专用的粉筛。除了过滤奶油或酱汁，还可以用来给酸奶沥水。

其他

· 使用的模具请参考P10~11。
· 放入烤箱隔水蒸烤时，要使用方盘。
· 装饰蛋糕时，使用抹刀和裱花台会更方便。

Ingrédients

使用的材料

细砂糖

建议尽量使用制作糕点的细砂糖，这样便于搅拌。虽然也可以使用上白糖，但二者的味道和口感略有不同。也不建议使用蔗糖、黑砂糖、三温糖。

低筋面粉

建议使用"Super violet"的制作糕点的面粉。也可以用"violet"的面粉，但不要使用普通面粉。

黄油

本书一般使用的是无盐黄油，但用量不多，所以如果没有，也可以使用有盐黄油。没有必要使用发酵黄油。

牛奶

虽然可以使用非常普通的牛奶，但不要使用低脂牛奶。

鸡蛋

使用M号。蛋黄重约20g、蛋白重约30g的鸡蛋最合适。如果蛋白较少，海绵蛋糕层就不能很好地成形，要根据情况补足蛋白的分量。

常见的问题

归纳了常见的问题。
如有疑问，可以先读这里。

如何把蛋糕烤出3层？

关键在于蛋黄糊和蛋白霜的搅拌方法，
以及火候。

上层的蛋白霜会被烤成海绵蛋糕，底部液体会被烤成布丁状，中间部分会被烤成奶油状。一般使用约180℃的温度烘烤蛋糕，但魔法蛋糕的烘烤温度要降到150℃。用低温慢烤才能形成中间的奶油层，也不用担心夹生的问题。这样慢慢烤熟的低筋面粉会更容易消化。

想要让蛋糕更甜，或者不那么甜时，
增减砂糖的量可以吗？

没问题。
但是不能减少蛋白霜中砂糖的量。

可以增减蛋黄糊中细砂糖的量，5g范围内没有问题。但是不能减少蛋白霜中的砂糖。加入蛋白霜中的砂糖除了可以增加甜度外，还有助于打发蛋白霜。没有足够的砂糖就做不出蛋白霜，海绵蛋糕也就不能很好地膨胀。另外，制作咸味魔法蛋糕时，不能放入砂糖。

牛奶一定要回至常温吗？

一定要回温。
否则蛋糕容易夹生。

牛奶的温度最好在22~25℃。冬季室温较低时，可以放入微波炉加热几秒。如果牛奶较凉，就会降低蛋糕糊的温度，进而需要延长烘烤时间，但这样又会把中间的奶油层烤得太熟，从而消失。

可以用电动打蛋器搅拌蛋黄糊吗？

没问题。
但是制作蛋白霜前，要将搅拌棒洗净并擦干水分。

打发蛋白霜时，如果碗内或者电动打蛋器的搅拌棒上有水分或油分，就会严重影响蛋白的打发，导致蛋白霜打发失败。蛋白霜打发的状态会直接影响海绵蛋糕的味道，因此一定要把搅拌棒完全洗净并擦干水分。

1

加入饼干底的魔法蛋糕

▶给蛋糕加一层饼干底，就做成了4层的魔法蛋糕。

▶配方中指定了使用的饼干，也可以使用自己喜欢的饼干。

　饼干不同，口感和味道也会不同，可以尽情享受饼干和蛋糕搭配组合的乐趣。

▶继续增加装饰层，蛋糕就变成了5层！

Façon New York cheesecake

纽约奶酪蛋糕

1 "加入饼干底的魔法蛋糕"的基础做法

Façon New York cheesecake
纽约奶酪蛋糕

一般来说，可以选用自己喜欢的饼干，但是最好使用配方中的饼干。这里使用的"燕麦饼干"就是右上角那一款。特点是口感酥脆，本章中的其他甜点使用的也是这一款。

材料 [直径15cm的圆形模具1个]

◆饼干底

燕麦饼干	80g
黄油	30g

◆蛋黄糊

蛋黄	2个（约40g）
细砂糖	35g
黄油	20g
奶油奶酪	50g
酸奶油	50g
低筋面粉	45g
牛奶	200mL

◆蛋白霜

蛋白	2个（约60g）
细砂糖	25g

提前准备

· 奶油奶酪和酸奶油放在常温（约25℃）下回温，奶油奶酪软化到用手指可以轻松插入的程度。再放入同一个小碗内，用硅胶刮刀搅拌均匀。

→为了放入蛋黄糊中后可以轻松搅拌，要先软化。搅拌到奶油奶酪和酸奶油混合均匀。

· 牛奶回至常温（约25℃）。

→室温较低时，可以用微波炉加热几秒。

· 制作饼干底和蛋黄糊使用的黄油分别隔水加热化开，然后冷却，制作蛋黄糊使用的黄油要冷却到常温（约25℃）。

· 低筋面粉过筛。

· 在模具中铺上烘焙用纸。

→一定要使用底部固定的模具。参考P10

· 在方盘内铺上2张烘焙用纸，再放入烤箱的烤盘中 a

· 将水（分量以外）煮沸，冷却到约60℃。

· 烤箱预热到150℃。

---

1. 敲碎饼干

制作饼干底。将饼干放入较厚的保鲜袋中，用擀面杖敲碎。

若用力敲打，保鲜袋可能破掉。也可以用空瓶代替擀面杖。

没有必要敲成粉末，敲至图中的程度即可。

2. 加入化开的黄油搅拌均匀

加入制作饼干底使用的黄油。用力搅拌均匀。

黄油散热后再倒入保鲜袋。如果太热，就可能烫破保鲜袋。

使劲搅拌，使饼干和黄油均匀混合。

3. 将2铺入模具中

将2倒入模具中，用擀面杖按压实。盖上保鲜膜放入冰箱冷藏。

最好使用擀面杖或者汤匙的背部按压。

如果没有完全压实，烘烤期间饼干就会浮上来。

4. 将砂糖放入蛋黄中搅拌均匀

制作蛋黄糊。在碗内放入蛋黄，用打蛋器搅拌均匀，放入细砂糖，画圈搅拌至颜色发白。

搅拌至看不到细砂糖颗粒，颜色比刚开始略微发白即可。

5. 在4中加入化开的黄油搅拌

将制作蛋黄糊使用的黄油放入4中，再搅拌均匀。

使黄油与蛋黄糊融合即可。

6. 在5中加入奶油奶酪和酸奶油

在5中放入混合好的奶油奶酪和酸奶油，搅拌至均匀混合。

搅拌到看不到白色的成分且质地顺滑即可。

7. 在6中加入低筋面粉搅拌

在6中放入低筋面粉，画圈搅拌2～3分钟，直至蛋黄糊具有光泽。

搅拌至提起打蛋器，蛋黄糊能缓缓落下，还能在碗中留下痕迹即可。

8. 在7中倒入牛奶搅拌

在7中倒入1/4的牛奶，搅拌均匀，使其与蛋黄糊融合。倒入剩余的牛奶继续搅拌，直至蛋黄糊变成质地均匀的液体。

倒入全部牛奶后，蛋黄糊会变成液体状，这很正常，不用担心。

9. 打发蛋白

制作蛋白霜。在另一个碗中放入蛋白，用电动打蛋器的低速打发约30秒。放入1/2的细砂糖，一边用电动打蛋器在碗内大幅度旋转，一边用高速打发约30秒。放入剩余的细砂糖，再打发约30秒，然后转低速继续打发约1分钟。打发到蛋白霜具有光泽，提起打蛋器有小角立起即可。

最初的30秒要把碗倾斜着打发，这样搅拌棒可以和蛋白液充分接触。

打发至提起打蛋器有小角立起即可。然后立刻和蛋黄糊混合。

10. 混合蛋糕糊

将蛋白霜倒入蛋黄糊内，用打蛋器从底部向上翻拌5～6次（大致混合）。再用打蛋器的前端将浮在表面的蛋白霜打散。

拍落挂在打蛋器上的蛋白霜。翻拌5～6次后，下层是液体的蛋黄糊，中层是蛋白霜和蛋黄糊的混合物，上层是残留的小块蛋白霜。

用打蛋器前端将表面的蛋白霜打散抹匀。

11. 将蛋糕糊倒入模具中

将10慢慢倒入3的模具中，用硅胶刮刀将表面抹平。

蛋糕糊的状态如图所示。不用担心液体和蛋白霜是分离的状态。

倒入后，液体会渗到下面，蛋白霜浮在表面。将表面的蛋白霜抹平。

12. 放入烤箱，隔水蒸烤

将模具放入方盘中，在方盘内倒入深约2cm的热水。放入预热好的烤箱下层，烘烤35～40分钟。

在方盘内放入模具，倒入热水。也可以用比模具略大一圈的挞盘代替方盘。若使用的耐热容器过厚，自下而上的火力就会太弱，这样可能不能形成布丁层。烘烤15～20分钟后，调换烤盘的前后位置，使其受热均匀。

13. 散热，放入冰箱冷藏

将竹扦斜着从蛋糕边缘插入，拿出后粘有黏稠的奶油状蛋糕糊即可。连同模具一起在室温下静置散热后，盖上保鲜膜，放入冰箱冷藏2小时以上。脱模，切成喜欢的大小。

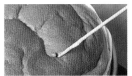

中间一层呈奶油状即可。若中间一层仍接近液体状，就要继续烘烤，每5分钟用竹扦查看一次状态。完全冷却后，放入冰箱冷藏。

小贴士

- 做好的蛋糕口感浓郁顺滑。略带酸味的蛋糕很适合搭配酥脆的饼干。
- 用隔水蒸烤和慢慢加热的方法烘烤，就能做出绵润的口感。
- 本配方加入了奶油奶酪和酸奶油，同时要减少低筋面粉的用量。

Chocolat

巧克力

材料［直径15cm的圆形模具1个］

◆饼干底

燕麦饼干	80g
黄油	30g

◆蛋黄糊

蛋黄	2个（约40g）
细砂糖	20g
黄油	50g
低筋面粉	50g
牛奶	200mL
巧克力（调温巧克力）	60g

◆蛋白霜

蛋白	2个（约60g）
细砂糖	25g

提前准备

· 牛奶回温到常温（约25℃）。

· 制作饼干底和蛋黄糊使用的黄油分别隔水加热化开，制作蛋黄糊使用的黄油要冷却到常温（约25℃）。

· 巧克力切碎，隔水加热化开（关火，静置）。

· 低筋面粉过筛。

· 在模具中铺入烘焙用纸（参考P10）。

· 在方盘内铺入2张烘焙用纸，再放入烤箱的烤盘中。

· 将热水（分量以外）煮沸，冷却到约60℃。

· 烤箱预热到150℃。

燕麦饼干
使用由燕麦和全麦粉做成的饼干，特点是味道纯朴，口感酥脆。

做法

1. 制作饼干底。将饼干放入较厚的保鲜袋中，用擀面杖敲碎。

2. 加入制作饼干底使用的黄油。用力搅拌均匀。

3. 将2倒入模具中，用擀面杖按压实。盖上保鲜膜放入冰箱冷藏。

4. 制作蛋黄糊。在碗内放入蛋黄，用打蛋器搅拌均匀，放入细砂糖，画圈搅拌至颜色发白。

5. 将制作蛋黄糊使用的黄油放入4中，再搅拌均匀。

6. 放入低筋面粉和1～2大匙材料中的牛奶，画圈搅拌2～3分钟，直至蛋黄糊具有光泽。

7. 在6中一点点放入化开的巧克力，搅拌均匀。

8. 在7中倒入1/4的牛奶，搅拌均匀，使其与蛋黄糊融合。倒入剩余的牛奶继续搅拌，直至蛋黄糊变成质地均匀的液体。

9. 制作蛋白霜。在另一个碗中放入蛋白，用电动打蛋器的低速打发约30秒。放入1/2的细砂糖，一边用电动打蛋器在碗内大幅度旋转，一边用高速打发约30秒。放入剩余的细砂糖，再打发约30秒，然后转低速继续打发约1分钟。打发到蛋白霜具有光泽，提起打蛋器有小角立起即可。

10. 将蛋白霜倒入蛋黄糊内，用打蛋器从底部向上翻拌5～6次（大致混合）ⓐ。再用打蛋器前端将浮在表面的蛋白霜打散。

11. 将10慢慢倒入3的模具中，用硅胶刮刀将表面抹平。

12. 将模具放入方盘中，在方盘内倒入深约2cm的热水。放入预热好的烤箱下层，烘烤35～40分钟。

13. 将竹扦斜着从蛋糕边缘插入，拿出后粘有黏稠的奶油状蛋糕糊即可。连同模具一起在室温下静置散热后，盖上保鲜膜，放入冰箱冷藏2小时以上。脱模，切成喜欢的大小。

小贴士

· 巧克力使用的是法芙娜的"Caraque"，也可以使用法芙娜的"圭那亚""加勒比"。

· 这里蛋黄糊中的细砂糖放得较少，蛋黄糊容易变干，所以要在低筋面粉内放入少量牛奶。

· 加入巧克力后，蛋白霜容易消泡。最好快速混合蛋黄糊和蛋白霜。

材料 [直径15cm圆形模具1个]

◆ 饼干底

| 原味饼干…………………………80g |
| 黄油……………………………30g |

◆ 蛋黄糊

| 蛋黄………………… 2个（约40g） |
| 细砂糖……………………………40g |
| 黄油………………………………60g |
| 低筋面粉…………………………50g |
| 抹茶粉……………………………8g |
| 牛奶…………………………250mL |

◆ 蛋白霜

| 蛋白………………… 2个（约60g） |
| 细砂糖……………………………30g |

抹茶粉………………………… 适量

原味饼干
使用由面粉制作的原味饼干。
味道香甜，口感松软。

抹茶粉
可以在普通超市中购买到。糕
点材料商店或者茶叶店中也比
较多。

提前准备

· 牛奶回至常温（约25℃）。
· 制作饼干底和蛋黄糊使用的黄油分别
  隔水加热化开，然后冷却，制作蛋
  黄糊使用的黄油要冷却到常温（约
  25℃）。
· 低筋面粉过筛。
· 抹茶粉用茶筛过筛。
· 在模具内铺入烘焙用纸（参考P10）。
· 在方盘内铺入2张烘焙用纸，再放入烤
  箱的烤盘中。
· 将热水（分量以外）煮沸，冷却到约
  60℃。
· 烤箱预热到150℃。

做法

1. 制作饼干底。将饼干放入较厚的保鲜袋中，用擀面杖敲碎。

2. 加入制作饼干底使用的黄油。用力搅拌均匀。

3. 将2倒入模具中，用擀面杖按压实。盖上保鲜膜放入冰箱冷藏。

4. 制作蛋黄糊。在碗内放入蛋黄，用打蛋器搅拌均匀，放入细砂糖，画圈搅拌至颜色发白。

5. 将制作蛋黄糊使用的黄油放入4中，再搅拌均匀。

6. 放入低筋面粉，画圈搅拌2~3分钟，直至蛋黄糊具有光泽。

7. 将抹茶粉放入6中，搅拌均匀。

8. 在7中倒入1/4的牛奶，搅拌均匀，使其与蛋黄糊融合。倒入剩余的牛奶继续搅拌，直至蛋黄糊变成质地均匀的液体。

9. 制作蛋白霜。在另一个碗中放入蛋白，用电动打蛋器的低速打发约30秒。放入1/2的细砂糖，一边用电动打蛋器在碗内大幅度旋转，一边用高速打发约30秒。放入剩余的细砂糖，再打发约30秒，然后转低速继续打发约1分钟。打发到蛋白霜具有光泽，提起打蛋器有小角立起即可。

10. 将蛋白霜倒入蛋黄糊内，用打蛋器从底部向上翻拌5~6次（大致混合）。再用打蛋器前端将浮在表面的蛋白霜打散。

11. 将10慢慢倒入3的模具中，用硅胶刮刀将表面抹平。

12. 将模具放入方盘中，在方盘内倒入深约2cm的热水。放入预热好的烤箱下层，烘烤35~40分钟。

13. 将竹扦斜着从蛋糕边缘插入，拿出后粘有黏稠的奶油状蛋糕糊即可。连同模具一起在室温下静置散热后，盖上保鲜膜，放入冰箱冷藏2小时以上。脱模，切成喜欢的大小，撒上抹茶粉。

小贴士
· 绵润的饼干搭配抹茶，做出口感浓郁醇厚的蛋糕。
· 抹茶粉容易结块，一定要提前过筛。
· 放入抹茶粉后，蛋白霜容易消泡，因此要快速混合蛋黄糊和蛋白霜。

Amandes
杏仁

材料［直径15cm的圆形模具1个］

◆饼干底

饼干	80g
黄油	30g

◆酥粒

低筋面粉	10g
杏仁粉	10g
细砂糖	10g
黄油	10g

◆蛋黄糊

蛋黄	2个（约40g）
细砂糖	35g
黄油	50g
低筋面粉	35g
牛奶	230mL
杏仁粉	20g

◆蛋白霜

蛋白	2个（约60g）
细砂糖	25g

小贴士

· 放上酥粒后，蛋糕变成5层！蛋糕的层次变得更丰富，香气和口感也会提升。

· 要使制作酥粒的材料完全冷却。

提前准备

· 和P16"基础做法"的提前准备相同（不用加奶油奶酪和酸奶油）。不同之处是，牛奶倒入小锅内后，再加入杏仁粉一起用小火加热，锅的边缘开始冒泡后关火，盖上锅盖静置15分钟。拿下锅盖，继续冷却到约50℃。

· 制作酥粒用的黄油切成1cm见方的小块。和制作酥粒的其他材料一起倒入碗内，放入冰箱冷藏。从冷藏室取出碗，用指尖把黄油捏碎并与其他材料混合ⓐ。混合成小颗粒状ⓑ后，给碗盖上保鲜膜，再次放入冰箱冷藏。

做法

1. 和P16～17"基础做法"的**1～10**相同，制作蛋黄糊和蛋白霜时要搅拌均匀（不用加奶油奶酪和酸奶油）。

2. 将混合好的蛋糕糊慢慢倒入准备好的模具中，用硅胶刮刀将表面抹平，撒上酥粒。

3. 将模具放入方盘中，在方盘内倒入深约2cm的热水。放入预热好的烤箱下层，烘烤40～45分钟。

4. 将竹扦斜着从蛋糕边缘插入，拿出后粘有黏稠的奶油状蛋糕糊即可。连同模具一起在室温下静置散热后，盖上保鲜膜，放入冰箱冷藏2小时以上。脱模，切成喜欢的大小。

燕麦饼干

材料［直径15cm的圆形模具1个］

◆饼干底

椰子饼干	80g
黄油	40g

◆蛋黄糊

蛋黄	2个（约40g）
朗姆酒	1大匙
细砂糖	35g
黄油	60g
低筋面粉	50g
牛奶	250mL
椰丝	20g

◆蛋白霜

蛋白	2个（约60g）
细砂糖	25g
椰丝	10g

椰子饼干
口感酥脆的椰子味饼干。在超市或者便利店可以买到。

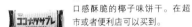

提前准备

· 和P16"基础做法"的提前准备相同（不要加奶油奶酪和酸奶油）。不同之处是，牛奶倒入小锅内后，再加入椰丝一起用小火加热，锅的边缘开始冒泡后关火，盖上锅盖静置15分钟。拿下锅盖，继续冷却到约50℃。

做法

1. 制作饼干底。饼干放入较厚的保鲜袋中，用擀面杖敲碎。加入化开的制作饼干底使用的黄油，搅拌均匀后，倒入模具中，用擀面杖压实，盖上保鲜膜放入冰箱冷藏。

2. 和P16~17"基础做法"的**4~10**相同，制作蛋黄糊和蛋白霜时要搅拌均匀。但在步骤**4**加入细砂糖前，要先加入朗姆酒，不用加奶油奶酪和酸奶油

3. 将混合好的蛋糕糊慢慢倒入准备好的模具中，用硅胶刮刀将表面抹平，撒上椰丝。

4. 将模具放入方盘中，在方盘内倒入深约2cm的热水。放入预热好的烤箱下层，烘烤40~45分钟。

5. 将竹扦斜着从蛋糕边缘插入，拿出后粘有黏稠的奶油状蛋糕糊即可。连同模具一起在室温下静置散热后，盖上保鲜膜，放入冰箱冷藏2小时以上。脱模，切成喜欢的大小。

小贴士

· 这款带有朗姆酒味道的蛋糕很适合成年人。用君度酒或金万力娇酒代替朗姆酒，味道也很好。

· 表面的椰丝口感酥脆、香气诱人，放入口中后，浓浓的椰香立刻在口中蔓延。

Noix de coco-rhum
椰子和朗姆酒

Guimauves
棉花糖

材料［直径15cm的圆形模具1个］

◆ 饼干底

| 奶油夹心饼干（巧克力味）············· 80g
| 黄油···································· 30g

◆ 蛋黄糊

| 蛋黄····························2个（约40g）
| 细砂糖··································· 40g
| 黄油···································· 60g
| 低筋面粉································· 50g
| 牛奶·································· 250mL

◆ 蛋白霜

| 蛋白····························2个（约60g）
| 细砂糖··································· 25g

棉花糖·····································适量

奶油夹心饼干（巧克力味）
微苦的巧克力饼干中夹有香草奶油，因此要减少饼干底中的黄油用量。

棉花糖
大颗棉花糖更具有分量感，小颗棉花糖更方便食用。选择自己喜欢的大小即可。

提前准备

· 牛奶回至常温（约25℃）。

· 制作饼干底和蛋黄糊使用的黄油分别隔水加热化开，然后冷却，制作蛋黄糊使用的黄油要冷却到常温（约25℃）。

· 低筋面粉过筛。

· 在模具内铺入烘焙用纸（参考P10）。

· 在方盘内铺入2张烘焙用纸，再放入烤箱的烤盘中。

· 将热水（分量以外）煮沸，冷却到约60℃。

· 烤箱预热到150℃。

做法

1. 制作饼干底。将饼干放入较厚的保鲜袋中，用擀面杖敲碎。

2. 加入制作饼干底使用的黄油。用力搅拌均匀。

3. 将2倒入模具中，用擀面杖按压实。盖上保鲜膜放入冰箱冷藏。

4. 制作蛋黄糊。在碗内放入蛋黄，用打蛋器搅拌均匀，放入细砂糖，画圈搅拌至颜色发白。

5. 将制作蛋黄糊使用的黄油放入4中，再搅拌均匀。

6. 放入低筋面粉，画圈搅拌2~3分钟，直至蛋黄糊具有光泽。

7. 在6中倒入1/4的牛奶，搅拌均匀，使其与蛋黄糊融合。倒入剩余的牛奶继续搅拌，直至蛋黄糊变成质地均匀的液体。

8. 制作蛋白霜。在另一个碗中放入蛋白，用电动打蛋器的低速打发约30秒。放入1/2的细砂糖，一边用电动打蛋器在碗内大幅度旋转，一边用高速打发约30秒。放入剩余的细砂糖，再打发约30秒，然后转低速继续打发约1分钟。打发到蛋白霜具有光泽，提起打蛋器有小角立起即可。

9. 将蛋白霜倒入蛋黄糊内，用打蛋器从底部向上翻拌5~6次（大致混合）。再用打蛋器前端将浮在表面的蛋白霜打散。

10. 将9慢慢倒入3的模具中，用硅胶刮刀将表面抹平，放上棉花糖 a 。

11. 将模具放入方盘中，在方盘内倒入深约2cm的热水。放入预热好的烤箱下层，烘烤45~50分钟。

12. 将竹扦斜着从蛋糕边缘插入，拿出后粘有黏稠的奶油状蛋糕糊即可。连同模具一起在室温下静置散热后，盖上保鲜膜，放入冰箱冷藏2小时以上。脱模，切成喜欢的大小。

小贴士

· 这款浓郁醇厚的美式魔法蛋糕竟然有5层！

· 蛋糕冷却收缩时，棉花糖会溢出蛋糕边缘，所以放置时要稍微偏向蛋糕内侧。

· 棉花糖层很难切开，要慢慢入刀。

*Façon gâteau au
fromage frais*
奶酪蛋糕

材料 [直径15cm的圆形模具1个]

◆ 饼干底

奶油夹心饼干（巧克力味）………	80g
黄油………………………………	20g

◆ 蛋黄糊

蛋黄………………………	2个（约40g）
细砂糖……………………………	40g
黄油………………………………	20g
奶油奶酪…………………………	150g
低筋面粉…………………………	50g
牛奶………………………………	160mL
柠檬汁……………………………	1/2大匙

◆ 蛋白霜

蛋白………………………	2个（约60g）
细砂糖……………………………	25g

奶油夹心饼干（巧克力味）
微苦的巧克力饼干中夹有香草
奶油，因此要减少饼干底中的
黄油用量。

提前准备

· 和P16"基础做法"的提前准备相同。但是奶油奶酪要在常温（约25℃）
下静置回软，软化到能插入手指的程度即可（不要加入酸奶油）。

做法

1.制作饼干底。饼干放入较厚的保鲜袋中，用擀面杖敲碎。加入化开的制
作饼干底的黄油，搅拌均匀后，倒入模具中，用擀面杖压实，盖上保鲜膜
放入冰箱冷藏。

2.和P16~17"基础做法"的4~13相同，制作蛋黄糊和蛋白霜时要搅拌
均匀。将混合好的蛋糕糊慢慢倒入准备好的模具中，再放入预热到150℃的
烤箱中隔水蒸烤35~40分钟，散热后放入冰箱冷藏。注意，在步骤5中，
搅拌黄油后要加入奶油奶酪；在步骤7中，搅拌好低筋面粉后，再倒入柠
檬汁并搅拌均匀。不要加酸奶油。

小贴士
· 奶油奶酪十分适合和奶油夹心饼干搭配。做好的魔法蛋糕还带有柠檬的清香。
· 因为放入了奶油奶酪，所以要减少牛奶的用量。

材料 [直径15cm的圆形模具1个]

◆焦糖

水⋯⋯⋯⋯⋯⋯⋯⋯	1大匙
细砂糖⋯⋯⋯⋯⋯⋯⋯	100g
鲜奶油（乳脂47%）⋯	100mL

◆饼干底

燕麦饼干⋯⋯⋯⋯⋯⋯	80g
黄油⋯⋯⋯⋯⋯⋯⋯⋯	30g

◆蛋黄糊

蛋黄⋯⋯⋯⋯	2个（约40g）
细砂糖⋯⋯⋯⋯⋯⋯⋯	20g
黄油⋯⋯⋯⋯⋯⋯⋯⋯	60g
低筋面粉⋯⋯⋯⋯⋯⋯	50g
牛奶⋯⋯⋯⋯⋯⋯⋯⋯	200mL

◆蛋白霜

蛋白⋯⋯⋯⋯	2个（约60g）
细砂糖⋯⋯⋯⋯⋯⋯⋯	25g
苹果⋯⋯⋯⋯	小号1个（净重150g）
细砂糖⋯⋯⋯⋯⋯⋯⋯	15g

燕麦饼干
使用燕麦和全麦粉做成的味道朴实的饼干。特点是口感酥脆。

提前准备

· 和P16 "基础做法" 的提前准备相同（不要加奶油奶酪和酸奶油）。

· 鲜奶油回至常温（约25℃）。

· 苹果削皮后切成瓣，去芯切成1cm见方的小块。放入耐热容器中，撒上细砂糖，不盖保鲜膜，放入微波炉加热约2分钟，然后冷却。用厨房用纸擦去汁水。

做法

1. 制作焦糖。在小锅内放入水和细砂糖，用中火加热，无需搅拌。不时晃动锅，使其受热均匀，待细砂糖开始化开上色后，用硅胶刮刀搅拌，使颜色分布均匀。

2. 边轻轻晃动小锅，边继续加热，待砂糖沸腾并变成深褐色后，关火静置一会儿，将鲜奶油顺着硅胶刮刀一点点倒入锅中。再开小火，边加热，边用硅胶刮刀快速搅拌。完全搅拌均匀后关火，在室温下静置冷却。其中的80g与蛋黄糊混合，剩余的在步骤**4**中作为酱汁（放入冰箱冷藏备用）。

3. 和P16～17 "基础做法" 的**1～12**相同，制作饼干底，并将蛋黄糊和蛋白霜混合好，再倒入准备好的模具中，放入预热到150℃的烤箱中隔水蒸烤45～50分钟。注意，铺好饼干底后，再均匀地盖上苹果。在制作蛋黄糊时，混合低筋面粉后，放入**2**中的40g焦糖搅拌均匀，再倒入40g焦糖，搅拌约2分钟，直至顺滑。不要加入奶油奶酪和酸奶油。

4. 将竹扦斜着从蛋糕边缘插入，拿出后粘有黏稠的奶油状蛋糕糊即可。连同模具一起在室温下静置散热后，盖上保鲜膜，放入冰箱冷藏2小时以上。脱模，切成喜欢的大小，淋上适量**2**中剩余的焦糖。

小贴士
· 制作焦糖时，在砂糖化开上色前，无需用硅胶刮刀搅拌。

Pomme-caramel
焦糖苹果

Poires pochées au vin blanc

白葡萄酒煮洋梨

材料 [直径15cm的圆形模具1个]

◆白葡萄酒煮洋梨

| 白葡萄酒……………………… 50mL
| 洋梨罐头糖浆……………… 100mL
| 细砂糖……………………… 10g
| 洋梨（罐装・半罐）…… 净重150g

◆饼干底

| 燕麦饼干…………………… 80g
| 黄油………………………… 30g

◆蛋黄糊

| 蛋黄……………… 2个（约40g）
| 白葡萄酒……………………1大匙
| 细砂糖……………………… 40g
| 黄油………………………… 60g
| 低筋面粉…………………… 50g
| 牛奶………………………… 220mL

◆蛋白霜

| 蛋白……………… 2个（约60g）
| 细砂糖……………………… 25g

燕麦饼干
使用燕麦和全麦粉做成的味道朴
实的饼干。特点是口感酥脆。

提前准备

・牛奶回至常温（约25℃）。

・制作饼干底和蛋黄糊使用的黄油分别
　隔水加热化开，然后冷却，制作蛋
　黄糊使用的黄油要冷却到常温（约
　25℃）。

・低筋面粉过筛。

・在模具内铺入烘焙用纸（参考P10）。

・在方盘内铺入2张烘焙用纸，再放入烤
　箱的烤盘中。

・将热水（分量以外）煮沸，冷却到约
　60℃。

・烤箱预热到150℃。

做法

1. 制作白葡萄酒煮洋梨。在小锅内放入白葡萄酒、罐头糖浆、细砂糖，用中火加热，煮沸后放入洋梨，用小火煮约5分钟ⓐ。关火静置冷却，用厨房用纸擦拭洋梨上的汁水ⓑ，再切成厚2cm的瓣状ⓒ。

2. 制作饼干底。饼干放入较厚的保鲜袋中，用擀面杖敲碎。

3. 在2中加入化开的制作饼干底使用的黄油，搅拌均匀。

4. 将3放入模具中，用擀面杖压实。将洋梨呈放射状摆在饼干底上，盖上保鲜膜放入冰箱冷藏备用。

5. 制作蛋黄糊。在碗内放入蛋黄，用打蛋器打散，倒入白葡萄酒粗略搅拌。放入细砂糖，用打蛋器画圈搅拌至颜色发白。

6. 在5中放入化开的制作蛋黄糊使用的黄油，搅拌均匀。

7. 在6中放入低筋面粉，画圈搅拌2~3分钟，直至蛋黄糊具有光泽。

8. 在7中倒入1/4的牛奶，搅拌均匀，使其与蛋黄糊融合。倒入剩余的牛奶继续搅拌，直至蛋黄糊变成质地均匀的液体。

9. 制作蛋白霜。在另一个碗中放入蛋白，用电动打蛋器的低速打发约30秒。放入1/2的细砂糖，一边用电动打蛋器在碗内大幅度旋转，一边用高速打发约30秒。放入剩余的细砂糖，再打发约30秒，然后转低速继续打发约1分钟。打发到蛋白霜具有光泽，提起打蛋器有小角立起即可。

10. 将蛋白霜倒入蛋黄糊内，用打蛋器从底部向上翻拌5~6次（大致混合）。再用打蛋器前端将浮在表面的蛋白霜打散。

11. 将10顺着硅胶刮刀慢慢倒入4的模具中，用硅胶刮刀将表面抹平。

12. 将模具放入方盘中，在方盘内倒入深约2cm的热水。放入预热好的烤箱下层，烘烤40~45分钟。

13. 将竹扦斜着从蛋糕边缘插入，拿出后粘有黏稠的奶油状蛋糕糊即可。连同模具一起在室温下静置散热后，盖上保鲜膜，放入冰箱冷藏2小时以上。脱模，切成喜欢的大小。

小贴士
・用白葡萄酒煮的洋梨味道醇厚，口感清甜。
・为了避免蛋糕夹生，要完全擦干洋梨上的汁水。
・淋上装饰用的巧克力酱，味道会更好。

材料 [直径15cm的圆形模具1个]

◆ 饼干底

| 原味饼干·····················80g
| 菜籽油·······················3大匙

◆ 蛋黄糊

| 蛋黄·················· 2个（约40g）
| 细砂糖·······················10g
| 菜籽油·······················3大匙
| 低筋面粉·····················55g
| 红豆沙·······················150g
| 牛奶························200mL

◆ 蛋白霜

| 蛋白·················· 2个（约60g）
| 细砂糖·······················30g

提前准备

· 牛奶回至常温（约25℃）。

· 低筋面粉过筛。

· 模具铺入烘焙用纸（参考P10）。

· 在方盘内铺入2张烘焙用纸，再放入烤箱的烤盘中。

· 将热水（分量以外）煮沸，冷却到约60℃。

· 烤箱预热到150℃。

做法

1. 制作饼干底。将饼干放入较厚的保鲜袋中，用擀面杖敲碎。倒入菜籽油，搅拌均匀后，倒入模具中，用擀面杖压实，盖上保鲜膜放入冰箱冷藏。

2. 和P16～17"基础做法"的4～13相同，制作蛋黄糊和蛋白霜时要搅拌均匀。将混合好的蛋糕糊慢慢倒入准备好的模具中，再放入预热到150℃的烤箱中隔水蒸烤40～45分钟，散热后放入冰箱冷藏。注意，在步骤5中，用菜籽油代替黄油放入碗中，再加入2大匙材料中的牛奶并搅拌均匀；在步骤7中，搅拌好低筋面粉后，再放入红豆沙搅拌均匀。不要加奶油奶酪和酸奶油。

小贴士

· 使用菜籽油代替黄油，做出日式甜点的轻盈口感。也可以用色拉油或者稻米油代替菜籽油。

原味饼干
使用面粉制作的原味饼干。味道香甜，口感松软。

红豆沙
带皮研碎做成红豆沙，保留了红豆原本的味道。大多做成罐装销售。

Pâte de haricots rouges
红豆沙

Comment faire face à un échec ?
失败了怎么办?

魔法蛋糕的失败原因可以分为2种, 大致如下。

认真阅读以下内容, 可以有效避免失败。

失败案例①
变成2层

〈 原因 〉	〈 处理方法 〉
烤箱火候较大, 烘烤温度过高。	将烘烤温度调低10℃, 或者将烘烤时间缩短5分钟。
方盘内的热水温度过高。	热水温度在60℃左右最佳。
蛋黄糊和蛋白霜搅拌过度。	液体面糊的体积占整体蛋糕糊体积的1/3最佳。

失败案例②
奶油层太软

〈 原因 〉	〈 处理方法 〉
烤箱火力较弱, 烘烤温度太低。	比配方标注的温度提高10℃。如果还是失败, 再提高10℃。
烘烤时间不足。	增加烘烤时间, 每隔5分钟查看一次状态。
方盘内的热水温度过低。	热水温度在60℃左右最佳。
蛋黄糊和蛋白霜搅拌次数不够。	液体面糊的体积占整体蛋糕糊体积的1/2以上就容易失败。最好在1/3左右。
烤箱内部太宽。	大烤箱的火力分散, 这样很容易失败。烘烤温度要比配方标注的温度提高10℃。
蛋糕内部水分过多。	注意, 要把水果上的水分完全擦干再用。
在冰箱中的冷藏时间不足。	冷藏后, 呈奶油状的中间层会更稳定。要冷藏2小时以上。

II

加入果酱的魔法蛋糕

Confiture de fruits rouges

混合莓果

▶ 加入果酱，就变成了4层的魔法蛋糕。。

▶ 只涂一层果酱不能烤出漂亮的果酱层，要在模具底部铺一层面包，
再涂上果酱，这样蛋糕就变成了5层。

▶ 建议使用黏度较大的果酱。底层面包的厚度最好在1~1.5cm。
烘烤时果酱层会浮起来，这很正常，不必担心。

II "加入果酱的魔法蛋糕"的基础做法

Confiture de fruits rouges
混合莓果

使用市售果酱即可。果酱不能单独形成一层，要用面包作蛋糕底。当然，也可以使用自己手工做的果酱也可以。

材料[直径15cm的圆形模具1个]

◆ **面包底**

法棍面包（切成厚1.5cm的片）………… 3 ~ 4片

果酱（混合莓果）… 80g

◆ **蛋黄糊**

蛋黄…… 2个（约40g）

细砂糖………… 25 ~ 30g

黄油…………… 60g

低筋面粉………… 50g

牛奶………… 250mL

◆ **蛋白霜**

蛋白…… 2个（约60g）

细砂糖………… 25g

提前准备

· 牛奶回至常温（约25℃）。

　→室温较低时，用微波炉加热几秒。

· 黄油隔水加热化开，再冷却到常温（约25℃）。

· 低筋面粉过筛。

· 在模具中铺上烘焙用纸。

　→使用底部固定的模具。参考P10。

· 在方盘内铺上2张烘焙用纸，放入烤箱的烤盘中 。

· 将热水（分量以外）煮沸，冷却到约60℃。

· 烤箱预热到150℃。

法棍面包片
最流行的法式面包。其法文名含有"棒"或者"棍"的意思。选择自己喜欢的粗细。面包会使蛋糕的口感更丰富。

果酱（混合莓果）
用几种莓果做成混合果酱，如草莓、黑莓、蓝莓、蔓越莓等。

---

1. 在模具内铺上面包片，涂抹果酱

制作面包底。在模具内铺满面包片，涂抹果酱。

面包片间略有空隙也没关系。

用汤匙背部将果酱抹匀。

2. 在蛋黄中放入砂糖搅拌均匀

制作蛋黄糊。在碗内放入蛋黄，用打蛋器打散，放入细砂糖，用打蛋器画圈搅拌至颜色发白。

搅拌到看不到细砂糖颗粒，颜色略微发白即可。

3. 在2中放入化开的黄油并搅拌

在2中放入化开的黄油，搅拌到材料完全融合。

黄油融入蛋黄糊中即可。

4. 在3中放入低筋面粉搅拌

在3中放入低筋面粉，画圈搅拌2 ~ 3分钟，直至蛋黄糊具有光泽。

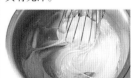

搅拌至提起打蛋器，面糊能缓缓落下，还能在碗中留下痕迹即可。

5. 将牛奶倒入4中搅拌

在4中倒入1/4的牛奶，搅拌均匀，使其与蛋黄糊混合。再倒入剩余的牛奶继续搅拌，直至蛋黄糊变成质地均匀的液体。

先倒入少量牛奶，让面糊变稀，这样更方便搅拌。

将牛奶和蛋黄糊搅拌至顺滑后，再加入剩余的牛奶。

将牛奶全部倒入后，面糊会变成液体状，这样很正常，没有关系。

6. 打发蛋白

制作蛋白霜。另取一碗，放入蛋白，用电动打蛋器的低速打发约30秒。放入1/2的细砂糖，一边在碗内大幅度旋转打蛋器，一边用高速打发约30秒。放入剩余的细砂糖，再打发约30秒，然后转低速继续打发约1分钟。打发至蛋白霜具有光泽，提起打蛋器有小角立起即可。

最初的30秒要把碗倾斜着打发，这样搅拌棒可以和蛋白充分接触。

若提起打蛋器有小角立起，就说明打发完成。立刻和蛋黄糊混合。

7. 制作蛋糕糊

将蛋白霜倒入蛋黄糊内，用打蛋器从底部向上翻拌5～6次（大致混合）。再用打蛋器的前端将浮在表面的蛋白霜轻轻打散。

用打蛋器将蛋糕糊从碗底向上翻拌5～6次。拍落挂在打蛋器上的蛋白霜。下层是液态的蛋黄糊，中层是蛋白霜和蛋黄糊的混合物，上层是残留的小块蛋白霜。

用打蛋器的前端将表面的蛋白霜打散抹匀。如图中的状态即可。

8. 将蛋糕糊倒入模具中

将7慢慢倒入1的模具中，用硅胶刮刀将表面抹平。

面糊的状态如图。不用担心液体和蛋白霜是分离的状态。

倒入后，液体会渗到下面，蛋白霜浮在表面。将表面的蛋白霜抹平。

9. 放入烤箱，隔水蒸烤

将模具放入方盘中，在方盘内倒入深约2cm的热水。放入预热好的烤箱下层，烘烤40～45分钟。

用"隔水蒸烤"的方式烘烤。在方盘内放入模具，倒入热水。也可以用比模具大一圈的挞盘代替方盘。若使用的耐热容器过厚，自下而上的火力就会太弱，这样可能无法形成下层的布丁层。烘烤15～20分钟后，调换烤盘的前后位置，使其受热均匀。

10. 散热，放入冰箱冷藏

将竹扦斜着从蛋糕边缘插入，拿出后粘有黏稠的奶油状蛋糕糊即可。连同模具一起在室温下静置散热后，盖上保鲜膜，放入冰箱冷藏2小时以上。脱模，切成喜欢的大小。

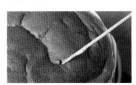

中间一层呈奶油状即可。若中间一层仍接近液体状，就要继续烘烤，每5分钟用竹扦查看一次状态。完全冷却后，放入冰箱冷藏。

小贴士
·酸甜的味道在口中蔓延，是一款口感清爽的魔法蛋糕。
·也可以只用草莓、蓝莓等莓果中的一种。
·搭配酸奶油或者马斯卡彭奶酪，味道会更好。

Confiture d'oranges
橘子酱

材料 [边长15cm的慕斯模具1个]

◆ 面包底

三明治用面包（厚1cm）……… 2~3片
果酱（橘子）………………………… 80g

◆ 蛋黄糊

蛋黄…………………2个（约40g）
细砂糖……………………… 20~25g
黄油………………………………… 50g
低筋面粉…………………………… 50g
牛奶……………………………… 250mL
白巧克力（调温巧克力）……… 50g

◆ 蛋白霜

蛋白…………………2个（约60g）
细砂糖………………………………… 25g

三明治面包
这里使用的是无边面包。也可以使用有边面包。要使面包边缘和慕斯模具吻合。

果酱（橘子）
用橙子、桔子等柑橘类的果汁和果皮制作的果酱。微苦的果皮是点睛之笔。

提前准备

· 牛奶回到常温（约25℃）。

· 黄油隔水加热，冷却到常温（约25℃）。

· 巧克力切碎，隔水加热化开（关火，静置备用）。

· 根据模具的大小，将面包切好。

· 低筋面粉过筛。

· 在模具中铺上烘焙用纸（参考P11）。

· 在方盘内铺上2张烘焙用纸，放入烤箱的烤盘中。

· 将热水（分量以外）煮沸，冷却到约60℃。

· 烤箱预热到150℃。

做法

1. 制作面包底。在模具内铺满面包片ⓐ，涂抹果酱。

2. 制作蛋黄糊。在碗内放入蛋黄，用打蛋器打散，放入细砂糖，用打蛋器画圈搅拌至颜色发白。

3. 在**2**中放入化开的黄油，搅拌至材料完全融合。

4. 在**3**中放入低筋面粉和1~2大匙材料中的牛奶，画圈搅拌2~3分钟，直至蛋黄糊具有光泽。

5. 在**4**中一点点倒入化开的白巧克力，搅拌均匀。

6. 将剩余牛奶的1/4倒入**5**中搅拌均匀，使其与蛋黄糊融合。倒入剩余的牛奶继续搅拌，直至蛋黄糊变成质地均匀的液体。

7. 制作蛋白霜。另取一碗，放入蛋白，用电动打蛋器的低速打发约30秒。放入1/2的细砂糖，一边在碗内大幅度旋转打蛋器，一边用高速打发约30秒。放入剩余的细砂糖，再打发约30秒，然后转低速继续打发约1分钟。打发至蛋白箱具有光泽，提起打蛋器有小角立起即可。

8. 将蛋白霜倒入蛋黄糊内，用打蛋器从底部向上翻拌5~6次（大致混合）。再用打蛋器的前端将浮在表面的蛋白霜轻轻打散。

9. 将**8**慢慢倒入**1**的模具中，用硅胶刮刀将表面抹平。

10. 将模具放入方盘中，在方盘内倒入深约2cm的热水。放入预热好的烤箱下层，烘烤45~50分钟。

11. 将竹扦斜着从蛋糕边缘插入，拿出后粘有黏稠的奶油状蛋糕糊即可。连同模具一起在室温下静置散热后，盖上保鲜膜，放入冰箱冷藏2小时以上。脱模，切成喜欢的大小。

小贴士

· 使用制作糕点用的调温巧克力。建议使用法芙娜的"象牙"系列。
· 因为蛋黄糊中加入的细砂糖较少，和低筋面粉难以混合，所以要倒入少量牛奶一起搅拌均匀。
· 放入白巧克力后，蛋白霜容易消泡，因此要快速混合蛋黄糊和蛋白霜。

Confiture de pêches
桃

材料［直径15cm的圆形模具1个］

◆ 面包底

法棍面包（切成厚1.5cm的片）
　　…………………………3～4片

果酱（桃）……………………80g

桃（罐装·半罐）………净重50g

◆ 蛋黄糊

蛋黄………………2个（约40g）

白葡萄酒……………………1大匙

细砂糖………………… 25～30g

黄油…………………………55g

低筋面粉……………………55g

牛奶………………………220mL

◆ 蛋白霜

蛋白………………2个（约60g）

细砂糖………………………25g

果酱（桃）…………………适量

小贴士

· 这款魔法蛋糕带有桃肉的浓郁味道。为了不
改变烘烤时间和蛋糕的状态，果肉上的汁水
要完全擦干。

· 控制甜度。淋上装饰用的果酱，甜度正好。

提前准备

· 牛奶回至常温（约25℃）。

· 黄油隔水加热化开，冷却到常温（约25℃）。

· 将桃切成2cm见方的小块，再擦干果肉上的汁水。

· 低筋面粉过筛。

· 在模具内铺上烘焙用纸（参考P10）。

· 在方盘内铺上2张烘焙用纸，放入烤箱的烤盘中。

· 将热水（分量以外）煮沸，冷却到约60℃。

· 烤箱预热到150℃。

做法

1. 制作面包底。在模具底部铺满面包片，涂抹果酱，再均匀地铺上桃。

2. 和P34～35"基础做法"的**2～10**相同，制作蛋黄糊和蛋白霜时要搅拌均匀，再将混合好的蛋糕糊慢慢倒入**1**的模具中，放入预热到150℃的烤箱内隔水蒸烤45～50分钟，散热后放入冰箱冷藏。注意，在制作蛋糕糊时，要先放入白葡萄酒搅拌均匀，再放入细砂糖。脱模，切成喜欢的大小，放上果酱。

果酱（桃）
使用白桃果酱。能品尝到满满
的果香。

法棍面包片

材料［直径15cm的圆形模具1个］

◆ **面包底**

法棍面包（切成厚1.5cm的片）

·················· 3～4片

果酱（菠萝）·················· 80g

迷迭香·················· 少量（1g）

◆ **蛋黄糊**

蛋黄·················· 2个（约40g）

细砂糖·················· 25～30g

黄油·················· 50g

低筋面粉·················· 55g

酸奶油·················· 50g

牛奶·················· 220mL

◆ **蛋白霜**

蛋白·················· 2个（约60g）

细砂糖·················· 25g

迷迭香·················· 适量

小贴士

· 菠萝十分适合搭配迷迭香。也可以搭配猕猴桃。

· 面包底中可以使用干燥的迷迭香。干燥的迷迭香香气浓郁，使用少量即可。

提前准备

· 牛奶回至常温（约25℃）。

· 黄油隔水加热化开，冷却到常温（约25℃）。

· 将加入面包底中的迷迭香切碎。

· 低筋面粉过筛。

· 在模具内铺上烘焙用纸（参考P10）。

· 在方盘内铺上2张烘焙用纸，放入烤箱的烤盘中。

· 将热水（分量以外）煮沸，冷却到约60℃。

· 烤箱预热到150℃。

做法

1. 制作面包底。在模具底部铺满面包片，涂抹果酱，再均匀地撒上迷迭香。

2. 和P34～35"基础做法"的 **2～10** 相同，制作蛋黄糊和蛋白霜时要搅拌均匀，再将混合好的蛋糕糊慢慢倒入 **1** 的模具中，放入预热到150℃的烤箱内隔水蒸烤45～50分钟，散热后放入冰箱冷藏。但是在步骤 **4** 中，放入低筋面粉混合后，要再放入酸奶油搅拌均匀。

3. 脱模，切成喜欢的大小，放上装饰用的迷迭香。

果酱（菠萝）
酸甜可口的南方风味果酱。也可以用来制作肉类酱汁或者调味汁。

法棍面包片

Confiture d'ananas
菠萝

材料 [直径15cm的圆形模具1个]

◆ **面包底**

法棍面包（切成厚1.5cm的片）

………………………………… 3～4片

果酱（黑加仑）……………………80g

◆ **蛋黄糊**

蛋黄……………………… 2个（约40g）

黑加仑力娇酒………………………1大匙

细砂糖……………………………25～30g

黄油…………………………………60g

低筋面粉……………………………50g

牛奶……………………………… 250mL

◆ **蛋白霜**

蛋白……………………… 2个（约60g）

细砂糖………………………………25g

提前准备

· 牛奶回至常温（约25℃）。

· 黄油隔水加热化开，冷却到常温（约25℃）。

· 低筋面粉过筛。

· 在模具内铺上烘焙用纸（参考P10）。

· 在方盘内铺上2张烘焙用纸，放入烤箱的烤盘中。

· 将热水（分量以外）煮沸，冷却到约60℃。

· 烤箱预热到150℃。

做法

1. 制作面包底。在模具底部铺满面包片，涂抹果酱。

2. 和P34～35 "基础做法"的**2～10**相同，制作蛋黄糊和蛋白霜时要搅拌均匀，再将混合好的蛋糕糊慢慢倒入**1**的模具中，放入预热到150℃的烤箱内隔水蒸烤45～50分钟，散热后放入冰箱冷藏。但是在步骤**2**中，打散蛋黄后，在加入细砂糖前，要先放入黑加仑力娇酒大致搅拌。

小贴士

· 加入利口酒后的魔法蛋糕香气浓郁厚重。

· 制作蛋黄糊时，在放入细砂糖前，先加入黑加仑力娇酒。搅拌约1分钟，直至蛋黄液变得蓬松。

果酱（黑加仑）

在日本叫"黑醋栗"。将黑色的小果实加工做成果酱，味道略酸，花青素和多酚含量丰富。

黑加仑力娇酒

以黑加仑为原料的法式力娇酒的特点是香甜可口、果香浓郁。

法棍面包片

Confiture de cassis

黑加仑

Confiture de figues
无花果

材料［边长15cm的慕斯模具1个］

◆ 面包底

核桃面包片（厚1.5cm）…………50g

果酱（无花果）……………………80g

◆ 蛋黄糊

蛋黄……………………2个（约40g）

细砂糖……………………25～30g

黄油……………………………60g

低筋面粉………………………50g

牛奶…………………………250mL

◆ 蛋白霜

蛋白……………………2个（约60g）

细砂糖……………………………25g

核桃……………………………30g

核桃面包
使用放入核桃的面包片。也可
以使用放入核桃的乡村面包或
者牛角面包。

果酱（无花果）
由完全成熟的无花果制成的果
酱，香甜可口、味道浓郁。十
分适合搭配生火腿或者奶油奶
酪。

提前准备

· 牛奶回至常温（约25℃）。

· 黄油隔水加热化开，冷却到常温（约25℃）。

· 根据模具的大小，将面包切好。

· 低筋面粉过筛。

· 在模具内铺上烘焙用纸（参考P11）。

· 在方盘内铺上2张烘焙用纸，放入烤箱的烤盘中。

· 将热水（分量以外）煮沸，冷却到约60℃。

· 烤箱预热到150℃。

做法

1. 制作面包底。在模具底部铺满面包片，涂抹果酱。

2. 和P34～35"基础做法"的**2～10**相同，制作蛋黄糊和蛋白霜时要搅拌均匀，将混合好的蛋糕糊慢慢倒入**1**的模具中，放入预热到150℃的烤箱内隔水蒸烤45～50分钟，散热后放入冰箱冷藏。但是在步骤**8**中，将倒入的蛋糕糊表面抹平后，再均匀地撒上核桃。

小贴士

· 无花果十分适合搭配核桃。

· 因为核桃要撒在蛋糕表面，所以无需提前烘烤。

Crème de citron

柠檬凝乳

材料［直径15cm的圆形模具1个］

◆ 面包底

法棍面包（切成厚1.5cm的片）
················· 3～4片

柠檬凝乳

蛋黄·············	1个（约20g）
柠檬汁·············	2大匙
细砂糖·············	40g
黄油·············	30g

◆ 蛋黄糊

蛋黄·············	2个（约40g）
细砂糖·············	40g
黄油·············	60g
低筋面粉·············	50g
牛奶·············	250mL

◆ 蛋白霜

蛋白·············	2个（约60g）
细砂糖·············	25g

柠檬皮碎············· 适量

法棍面包片

提前准备

· 牛奶回至常温（约25℃）。
· 将制作柠檬凝乳使用的黄油切成1cm见
  方的小块。
· 制作蛋黄糊使用的黄油隔水加热化
  开，冷却到常温（约25℃）。
· 低筋面粉过筛。
· 在模具中铺上烘焙用纸（参考P10）。
· 在方盘内铺上2张烘焙用纸，放入烤箱的
  烤盘中。
· 将热水（分量以外）煮沸，冷却到约
  60℃。
· 烤箱预热到150℃。

做法

1. 制作柠檬凝乳。在耐热容器内放入蛋黄，用打蛋器粗略打散，倒入柠檬汁搅拌均匀。

2. 将细砂糖分3次放入**1**中，每次加入都搅拌均匀，再放入黄油块。

3. 在小锅内倒入热水（分量以外）煮沸，将**2**的碗底放入热水中，用硅胶刮刀搅拌6～7分钟[a]。待黄油化开，面糊变稀后[b]，将碗从热水上拿开，静置冷却（冷却后的柠檬凝乳会变得更黏稠[c]）。

4. 制作面包底。在模具内铺满面包片，涂抹**3**的柠檬凝乳。

5. 制作蛋黄糊。在碗内放入蛋黄，用打蛋器打散，放入细砂糖，用打蛋器画圈搅拌至颜色发白。

6. 放入化开的黄油，搅拌到材料完全融合。

7. 放入低筋面粉，画圈搅拌2～3分钟，直至蛋黄糊具有光泽。

8. 在**7**中倒入1/4的牛奶，搅拌均匀，使其与蛋黄糊融合。倒入剩余的牛奶继续搅拌，直至蛋黄糊变成质地均匀的液体。

9. 制作蛋白霜。在另一个碗中放入蛋白，用电动打蛋器的低速打发约30秒。放入1/2的细砂糖，一边用电动打蛋器在碗内大幅度旋转，一边用高速打发约30秒。放入剩余的细砂糖，再打发约30秒，然后转低速继续打发约1分钟。打发到蛋白霜具有光泽，提起打蛋器有小角立起即可。

10. 将蛋白霜倒入蛋黄糊内，用打蛋器从底部向上翻拌5～6次（大致混合）。再用打蛋器前端将浮在表面的蛋白霜打散。

11. 将**10**慢慢倒入**4**的模具中，用硅胶刮刀将表面抹平。

12. 将模具放入方盘中，在方盘内倒入深约2cm的热水。放入预热好的烤箱下层，烘烤40～45分钟。

13. 将竹扦斜着从蛋糕边缘插入，拿出后粘有黏稠的奶油状蛋糕糊即可。连同模具一起在室温下静置散热后，盖上保鲜膜，放入冰箱冷藏2小时以上。脱模，切成喜欢的大小，撒上柠檬皮碎。

小贴士
· 使用香甜清爽的自制柠檬凝乳的奢华魔法蛋糕。
· 制作柠檬凝乳时，如果将细砂糖一次性全部放入，就会残留颗粒，所以要分3次放入。放入黄油块后，大致搅拌即可，因为后续要隔水加热化开，所以无需使劲搅拌。
· 可以用市售的柠檬凝乳代替。
· 请选择未使用农药的有机柠檬。

Confiture de yuzu

柚子

材料 [边长15cm的慕斯模具1个]

◆ **面包底**

| 三明治用面包（厚1cm）…… 2~3片
| 果酱（柚子）…………………80g

◆ **蛋黄糊**

| 蛋黄…………………… 2个（约40g）
| 细砂糖……………………… 25~30g
| 黄油……………………………60g
| 低筋面粉………………………50g
| 牛奶…………………………250mL

◆ **蛋白霜**

| 蛋白…………………… 2个（约60g）
| 细砂糖…………………………25g

蜂蜜……………………………… 适量

三明治用面包

果酱（柚子）
凸显柚子的酸味和微苦的果酱。也有放入柚子皮的果酱，可以倒入热水做成柚子茶。

提前准备

· 牛奶回至常温（约25℃）。

· 黄油隔水加热化开，冷却到常温（约25℃）。

· 根据模具的大小，将面包切好。

· 低筋面粉过筛。

· 在模具内铺上烘焙用纸（参考P11）。

· 在方盘内铺上2张烘焙用纸，放入烤箱的烤盘中。

· 将热水（分量以外）煮沸，冷却到约60℃。

· 烤箱预热到150℃。

做法

1. 制作面包底。在模具内铺满面包片，涂抹果酱。

2. 和P34~35 "基础做法" 的2~9相同，制作蛋黄糊和蛋白霜时要搅拌均匀，再将混合好的蛋糕糊慢慢倒入**1**的模具中，放入预热到150℃的烤箱内隔水蒸烤40~45分钟。

3. 将竹扦斜着从蛋糕边缘插入，拿出后粘上黏稠的奶油状蛋糕糊即可。连同模具一起在室温下静置散热后，盖上保鲜膜，放入冰箱冷藏2小时以上。脱模，切成喜欢的大小，淋上蜂蜜。

小贴士

· 用蜂蜜的香甜搭配柚子的酸爽，口感十分惊艳。

· 撒上柚子皮碎，香气更浓郁。

材料［直径15cm的圆形模具1个］

◆ **面包底**

法棍面包（切成厚1.5cm的片）…3～4片

蔬菜酱（大黄）………………………80g

◆ **蛋黄糊**

蛋黄………………………2个（约40g）

细砂糖…………………………25～30g

黄油……………………………………60g

低筋面粉………………………………50g

牛奶………………………………250mL

◆ **蛋白霜**

蛋白………………………2个（约60g）

细砂糖…………………………………25g

法棍面包片

蔬菜酱（大黄）

欧洲的一种广受欢迎的蔬菜，做成有着独特香气和酸味的蔬菜酱。有绿色和红色两种，但味道几乎一样。

提前准备

· 牛奶回至常温（约25℃）。

· 黄油隔水加热化开，冷却到常温（约25℃）。

· 低筋面粉过筛。

· 在模具内铺上烘焙用纸（参考P10）。

· 在方盘内铺上2张烘焙用纸，放入烤箱的烤盘中。

· 将热水（分量以外）煮沸，冷却到约60℃。

· 烤箱预热到150℃。

做法

1. 制作面包底。在模具内铺满面包片，涂抹果酱。

2. 和P34～35 "基础做法"的**2～10**相同，制作蛋黄糊和蛋白霜时要搅拌均匀，再将混合好的蛋糕糊慢慢倒入**1**的模具中，放入预热到150℃的烤箱内隔水蒸烤40～45分钟，散热后放入冰箱冷藏。

小贴士

· 这种酸甜可口的大黄果酱虽然产自法国进口，但非常常见。

· 大黄富含食物纤维、维生素C、矿物质，有美容功效。

Confiture de rhubarbe
大黄

Confiture de tomates
番茄

材料［直径15cm的圆形模具1个］

◆ **面包底**

法棍面包（切成厚1.5cm的片）…3～4片

番茄酱

| 番茄…………………大号1个（200g）
| 细砂糖………………………………40g
| 柠檬汁………………………………1小匙

◆ **蛋黄糊**

| 蛋黄……………………… 2个（约40g）
| 细砂糖………………………………35g
| 黄油…………………………………60g
| 低筋面粉……………………………50g
| 牛奶……………………… 250mL

◆ **蛋白霜**

| 蛋白……………………… 2个（约60g）
| 细砂糖………………………………25g

法棍面包片

提前准备

· 牛奶回至常温（约25℃）。

· 黄油隔水加热化开，冷却到常温（约25℃）。

· 低筋面粉过筛。

· 在模具内铺上烘焙用纸（参考P10）。

· 在方盘内铺上2张烘焙用纸，放入烤箱的烤盘中。

· 将热水（分量以外）煮沸，冷却到约60℃。

· 烤箱预热到150℃。

做法

1. 制作番茄酱。将番茄去蒂，切成适当的大小，放入搅拌机，搅拌成泥状。

2. 在小锅内放入**1**的番茄和细砂糖，不时地用硅胶刮刀搅拌，用较弱的中火煮约15分钟ⓐ。

3. 煮至黏稠后倒入柠檬汁ⓑ，用中火加热，边煮边快速搅拌。再次煮至黏稠后关火ⓒ，静置冷却（冷却后的番茄酱会变得更黏稠）。

4. 制作面包底。在模具内铺满面包片，涂抹**3**的番茄果酱。

5. 制作蛋黄糊。在碗内放入蛋黄，用打蛋器打散，放入细砂糖，用打蛋器画圈搅拌至颜色发白。

6. 放入化开的黄油，搅拌到材料完全融合。

7. 放入低筋面粉，画圈搅拌2～3分钟，直至蛋黄糊具有光泽。

8. 在**7**中倒入1/4的牛奶，搅拌均匀，使其与蛋黄糊融合。倒入剩余的牛奶继续搅拌，直至蛋黄糊变成质地均匀的液体。

9. 制作蛋白霜。在另一个碗中放入蛋白，用电动打蛋器的低速打发约30秒。放入1/2的细砂糖，一边用电动打蛋器在碗内大幅度旋转，一边用高速打发约30秒。放入剩余的细砂糖，再打发约30秒，然后转低速继续打发约1分钟。打发到蛋白霜具有光泽，提起打蛋器有小角立起即可。

10. 将蛋白霜倒入蛋黄糊内，用打蛋器从底部向上翻拌5～6次（大致混合）。再用打蛋器前端将浮在表面的蛋白霜打散。

11. 将**10**慢慢倒入**4**的模具中，用硅胶刮刀将表面抹平。

12. 将模具放入方盘中，在方盘内倒入深约2cm的热水。放入预热好的烤箱下层，烘烤40～45分钟。

13. 将竹扦斜着从蛋糕边缘插入，拿出后粘有黏稠的奶油状蛋糕糊即可。连同模具一起在室温下静置散热后，盖上保鲜膜，放入冰箱冷藏2小时以上。脱模，切成喜欢的大小。

小贴士

· 具有番茄独特的酸甜口感的魔法蛋糕。

· 若没有搅拌机，可以用刀切碎。

· 多做一些果酱，可以淋在蛋糕上作为装饰。也可以用迷你番茄制作。

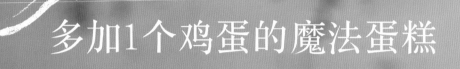

多加1个鸡蛋的魔法蛋糕

▶ 增加1个鸡蛋，配方中其他材料的分量就要增加1.5倍。但是使用的模具不变，
做出的魔法蛋糕高约8cm，分量十足。

▶ 制作蛋白霜时，将细砂糖分3次放入。但注意不要打发过度，否则烤出的蛋糕不蓬松。

▶ 因为所有材料的分量都增加了，所以搅拌蛋糕糊时，要多搅拌1～2次。

Gros gâteau magique à la vanille

香草

Ⅲ "多加1个鸡蛋的魔法蛋糕"的基础做法

Gros gâteau magique à la vanille
香草

材料 [直径15cm的圆形模具1个]

◆ 蛋黄糊

蛋黄……	3个（约60g）
细砂糖……………………	50g
黄油……………………	80g
低筋面粉……………	80g
牛奶……………	250mL
香草豆荚………	1/4根

◆ 蛋白霜

蛋白……	3个（约90g）
细砂糖……………………	30g
糖粉…………………	适量

将鸡蛋的蛋黄和蛋白分离，分别放入大碗内。先把蛋白放入冰箱冷藏备用。

提前准备

· 用刀纵向切开香草豆荚，刮出香草籽[a]。在小锅内放入牛奶、香草豆荚、香草籽[b]，用小火加热，锅的边缘开始冒泡后关火，盖上锅盖，冷却到约50℃。

→也可以用1/2小匙香草精代替香草豆荚。在步骤4中和牛奶一起放入蛋黄糊中搅拌即可。

· 黄油隔水加热化开，冷却到常温（约25℃）。

→即使化开的黄油油水分离也没关系。

· 低筋面粉过筛。

→提前过筛备用，不会形成疙瘩，操作也会更顺畅。

· 在模具中铺上烘焙用纸。

→烘焙用纸的详细铺法参考P10。
刚烤好的蛋糕较高，所以烘焙用纸的侧面要比制作其他蛋糕时留得高一些，约8cm即可。

· 在方盘内铺上2张烘焙用纸，放入烤箱的烤盘中[c]。

→这样可以减弱自下而上的火力。建议使用比模具略大、深约3cm的方盘。
烘烤前将模具放在方盘内，再在方盘内倒入热水。

· 将热水（分量以外）煮沸，冷却到约60℃。

→将冷却好的热水倒入方盘内。热水温度尽量在60℃左右。

· 烤箱预热到150℃。

→预热时间根据烤箱型号不同而有所差别。
要算好时间，再开始预热。

普通魔法蛋糕只有5cm高，而多加入1个鸡蛋的魔法蛋糕高7cm。

小贴士
· 这是一款经典口味的魔法蛋糕。增加蛋糕糊的分量，可以增加海绵蛋糕的蓬松感。
· 将牛奶冷却到25～50℃即可。
· 食用时放上打发奶油，味道会更好。

1.在蛋黄中放入砂糖搅拌

制作蛋黄糊。在碗内放入蛋黄，用打蛋器打散，放入细砂糖，用打蛋器画圈搅拌至颜色发白。

搅拌到图中的状态即可。

2.倒入化开的黄油搅拌

将化开的黄油倒入1中，搅拌到完全融合。

即使黄油油水分离也没关系。

搅拌到图中的状态即可。

3.放入低筋面粉搅拌

将低筋面粉倒入2中，画圈搅拌2~3分钟，直至蛋黄糊具有光泽。

加入的粉类较多，一定要提前过筛。

搅拌时，蛋黄糊会渐渐变重，请使劲搅拌。

4.倒入牛奶搅拌

取出香草豆荚，在3中倒入1/4的牛奶，搅拌均匀，使其与蛋黄糊融合。再倒入剩余的牛奶继续搅拌，直至蛋黄糊变成质地均匀的液体。

不要忘记取出香草豆荚。

最后蛋黄糊会变成液体状，这很正常，没有关系。

5.打发蛋白

制作蛋白霜。另取一碗，放入蛋白，用电动打蛋器的低速打发约30秒。放入1/3的细砂糖，一边在碗内大幅度旋转打蛋器，一边用高速打发约30秒。继续放入1/3的细砂糖，用同样的方法打发约30秒。再放入剩余的细砂糖，打发约30秒，然后转低速继续打发约30秒。打发至蛋白霜具有光泽，提起打蛋器有小角立起即可。

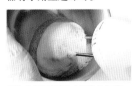

最初的30秒要把碗倾斜着打发，这样搅拌棒可以和蛋白液充分接触。

由于蛋白的用量较多，因此要分3次放入砂糖。

6.制作蛋糕糊

在蛋黄糊内倒入蛋白霜，用打蛋器从底部向上翻拌6~7次（大致混合）。再用打蛋器的前端将浮在表面的蛋白霜轻轻打散。

蛋白霜很有分量感，所以建议使用比平常略大的碗。

要比制作其他蛋糕时多搅拌1~2次。

最后将表面抹平。

7.将蛋糕糊倒入模具中

将6慢慢倒入模具中，用硅胶刮刀将表面抹平。

铺在模具中的烘焙用纸的侧面要比制作其他蛋糕时留得高一些。如果烘焙用纸不够高，蛋糕糊就容易溢出。

蛋糕糊较多，倒入模具时要小心。

明显比其他蛋糕的蛋糕糊更有份量。注意不要溢出，将表面抹平。

8.放入烤箱，隔水蒸烤

将模具放入方盘中，在方盘内倒入深约2cm的热水。放入预热好的烤箱下层，烘烤40~45分钟。

烘烤时间也要延长5~10分钟。

9.散热，放入冰箱冷藏

将竹扦斜着从蛋糕边缘插入，粘有黏稠的奶油状蛋糕糊即可。连同模具一起在室温下静置散热后，盖上保鲜膜，放入冰箱冷藏2小时以上。脱模，撒上糖粉，切成喜欢的大小。

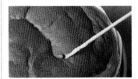

竹扦要插得深一些。

Chocolat
巧克力

材料 [直径15cm的圆形模具1个]

◆ 蛋黄糊

蛋黄······················	3个（约60g）
细砂糖····················	50g
黄油······················	80g
低筋面粉··················	50g
可可粉（无糖）············	20g
牛奶······················	270mL

◆ 蛋白霜

| 蛋白······················ | 3个（约90g） |
| 细砂糖···················· | 30g |

提前准备

· 牛奶回至常温（约25℃）。

· 黄油隔水加热化开，冷却到常温（约 25℃）。

· 低筋面粉过筛。

· 将可可粉用茶筛过筛。

· 在模具中铺上烘焙用纸（参考P10）。

· 在方盘内铺上2张烘焙用纸，放入烤箱 的烤盘中。

· 将热水（分量以外）煮沸，冷却到约 60℃。

· 烤箱预热到150℃。

做法

1. 制作蛋黄糊。在碗内放入蛋黄，用打蛋器打散，放入细砂糖，用打蛋器画圈搅拌至颜色发白。

2. 将化开的黄油放入1中，搅拌到材料完全融合。

3. 在2中放入低筋面粉，画圈搅拌2～3分钟，直至蛋黄糊具有光泽。

4. 在3中放入可可粉，搅拌至材料完全融合。

5. 在4中倒入1/4的牛奶，搅拌均匀，使其与蛋黄糊融合。再倒入剩余的牛奶继续搅拌，直至蛋黄糊变成质地均匀的液体。

6. 制作蛋白霜。另取一碗，放入蛋白，用电动打蛋器的低速打发约30秒。放入1/3的细砂糖，一边在碗内大幅度旋转打蛋器，一边用高速打发约30秒。继续放入1/3的细砂糖，用同样的方法打发约30秒。再放入剩余的细砂糖，打发约30秒，然后转低速继续打发约30秒。打发至蛋白霜具有光泽，提起打蛋器有小角立起即可。

7. 在蛋黄糊内倒入蛋白霜，用打蛋器从底部向上翻拌6～7次（大致混合）。再用打蛋器的前端将浮在表面的蛋白霜轻轻打散。

8. 将7慢慢倒入模具中，用硅胶刮刀将表面抹平。

9. 将模具放入方盘中，在方盘内倒入深约2cm的热水。放入预热好的烤箱下层，烘烤40～45分钟。

10. 将竹扦斜着从蛋糕边缘插入，拿出后粘有黏稠的奶油状蛋糕糊即可。连同模具一起在室温下静置散热后，盖上保鲜膜，放入冰箱冷藏2小时以上。脱模，切成喜欢的大小。

小贴士

· 这款蛋糕的味道浓郁醇厚，非常适合情人节。

· 放入可可粉后，蛋白霜容易消泡，因此要快速混合蛋黄糊和蛋白霜。

· 撒上可可粉后，蛋糕味道微苦，和撒糖粉时形成了鲜明的对比。

Façon tiramisu

提拉米苏

材料 [直径15cm的圆形模具1个]

◆ 蛋黄糊

蛋黄·······················	3个（约60g）
细砂糖···················	50g
马斯卡彭奶酪·············	150g
低筋面粉·················	80g
速溶咖啡粉···············	5g
牛奶·····················	250mL

◆ 蛋白霜

| 蛋白·····················| 3个（约90g）|
| 细砂糖···················|30g |

可可粉（无糖）··············· 适量

提前准备

· 牛奶回至常温（约25℃）。
· 低筋面粉过筛。
· 在模具中铺上烘焙用纸（参考P10）。
· 在方盘内铺上2张烘焙用纸，放入烤箱
  的烤盘中。
· 将热水（分量以外）煮沸，放凉到约
  60℃。
· 烤箱预热到150℃。

做法

1. 制作蛋黄糊。在碗内放入蛋黄，用打蛋器打散，放入细砂糖，用打蛋器画圈搅拌至颜色发白。

2. 将马斯卡彭奶酪放入**1**中，搅拌到材料完全融合。

3. 在**2**中放入低筋面粉和速溶咖啡粉，画圈搅拌2～3分钟，直至蛋黄糊具有光泽。

4. 在**3**中倒入1/4的牛奶，搅拌均匀，使其与蛋黄糊融合。再倒入剩余的牛奶继续搅拌，直至蛋黄糊变成质地均匀的液体。

5. 制作蛋白霜。另取一碗，放入蛋白，用电动打蛋器的低速打发约30秒。放入1/3的细砂糖，一边在碗内大幅度旋转打蛋器，一边用高速打发约30秒。继续放入1/3的细砂糖，用同样的方法打发约30秒。再放入剩余的细砂糖，打发约30秒，然后转低速继续打发约30秒。打发至蛋白霜具有光泽，提起打蛋器有小角立起即可。

6. 在蛋黄糊内倒入蛋白霜，用打蛋器从底部向上翻拌5～6次（大致混合）。再用打蛋器的前端将浮在表面的蛋白霜轻轻打散。

7. 将**6**慢慢倒入模具中，用硅胶刮刀将表面抹平。

8. 将模具放入方盘中，在方盘内倒入深约2cm的热水。放入预热好的烤箱下层，烘烤40～45分钟。

9. 将竹签从蛋糕边缘斜着插入中间，粘上黏稠的奶油糊即可。连同模具一起室温静置散热，盖上保鲜膜放入冰箱，冷藏2小时以上。脱模，撒上可可粉，切成喜欢的大小。

小贴士

· 这款蛋糕塑造出了提拉米苏的感觉。用马斯卡彭奶酪代替黄油，口感更轻盈，放入速溶咖啡增添了微苦的口感。
· 马斯卡彭奶酪较软，无需在室温下回温。
· 放入马斯卡彭奶酪后，蛋白霜容易消泡，因此制作蛋糕糊时，搅拌5～6次即可。

材料 [直径15cm的圆形模具1个]

◆ 蛋黄糊

蛋黄··················	3个（约60g）
细砂糖·················	60g
黄油··················	80g
低筋面粉···············	60g
抹茶粉·················	10g
牛奶··················	280mL

◆ 蛋白霜

蛋白··················	3个（约90g）
细砂糖·················	30g

◆ 打发奶油

鲜奶油（乳脂含量47%）·····	50mL
细砂糖·················	3g

小贴士

· 建议打发奶油在食用前制作，或者提前做好后放入冰箱冷藏备用。适度打发即可，打发过度容易造成奶油油水分离。

· 也可以用香草冰激淋或者红豆沙代替打发奶油，淋上黑蜜味道更好。

提前准备

· 牛奶回至常温（约25℃）。

· 黄油隔水加热化开，冷却到常温（约25℃）。

· 低筋面粉过筛。

· 将抹茶粉用茶筛过筛。

· 在模具内铺上烘焙用纸（参考P10）。

· 在方盘内铺上2张烘焙用纸，放入烤箱的烤盘中。

· 将热水（分量以外）煮沸，冷却到约60℃。

· 烤箱预热到150℃。

做法

1. 和P51"基础做法"的 **1~9** 相同，制作蛋黄糊和蛋白霜时要搅拌均匀，再将混合好的蛋糕糊慢慢倒入准备好的模具中，放入预热到150℃的烤箱中隔水蒸烤40~45分钟，散热后放入冰箱冷藏。但是在步骤**3**中，放入低筋面粉混合后，要再放入抹茶粉，搅拌到材料完全融合。

2. 制作打发奶油。在碗内放入鲜奶油和细砂糖，将碗底坐入冰水中，用打蛋器打发。提起打蛋器后，鲜奶油不会落下即可（九分发）。

3. 给蛋糕脱模，切成喜欢的大小，用汤匙舀出2的打发奶油作装饰。

Matcha
抹茶

Thé noir
红茶

材料 [直径15cm的圆形模具1个]

◆ 蛋黄糊

蛋黄…………………	3个（约60g）
细砂糖…………………	50g
黄油…………………	80g
低筋面粉…………………	80g
红茶叶…………………	5g
牛奶…………………	250mL
丁香…………………	5粒
肉桂片…………………	1根

◆ 蛋白霜

蛋白…………………	3个（约90g）
细砂糖…………………	30g

提前准备

· 将牛奶倒入小锅内，和丁香、肉桂片一起用小火加热，锅的边缘开始冒泡后关火，盖上锅盖焖约10分钟，取下锅盖，冷却到约50℃。

· 黄油隔水加热化开，冷却到常温（约25℃）。

· 将红茶叶切成碎末。

· 低筋面粉过筛。

· 在模具内铺上烘焙用纸（参考P10）。

· 在方盘内铺上2张烘焙用纸，放入烤箱的烤盘中。

· 将热水（分量以外）煮沸，冷却到约60℃。

· 烤箱预热到150℃。

做法

和P51"基础做法"的 **1~9** 相同，制作蛋黄糊和蛋白霜时要搅拌均匀，再将混合好的蛋糕糊慢慢倒入准备好的的模具中，放入预热到150℃的烤箱中隔水蒸烤40~45分钟，散热后放入冰箱冷藏。但是在步骤 **3** 中，放入低筋面粉混合后，要再放入红茶叶碎末，搅拌到材料完全融合。在步骤 **4** 中，倒入牛奶前要取出丁香和肉桂片。

小贴士

· 香料的香气渗入到牛奶中后，味道会更丰富。

· 选择喜欢的红茶叶。如果使用的是制作糕点的茶叶碎或者茶叶片，就要提前切成碎末。

Façon fraisier
草莓奶油蛋糕

小贴士

· 适合生日或者节日的豪华蛋糕。

· 如果在蛋糕温热时开始装饰，打发奶油容易化开，要待蛋糕完全冷却后再操作。

· 奶油经多次涂抹容易变干，因此用奶油涂抹蛋糕表面时，应尽量减少涂抹的次数。

Façon fraisier
草莓奶油蛋糕

材料 [直径15cm的圆形模具1个]

◆ 蛋黄糊

蛋黄	3个（约60g）
细砂糖	50g
黄油	80g
低筋面粉	80g
牛奶	250mL
香草豆荚	1/4根

◆ 蛋白霜

蛋白	3个（约90g）
细砂糖	30g

◆ 打发奶油

鲜奶油（乳脂含量47%）	200mL
细砂糖	15g
草莓（蛋糕糊用）	100g
草莓（装饰用）	6个

提前准备

· 用刀纵向切开香草豆荚，刮出香草籽。在小锅内放入牛奶、香草豆荚、香草籽，用小火加热，锅的边缘开始冒泡后关火，盖上锅盖冷却到约50℃。

· 黄油隔水加热化开，冷却到常温（约25℃）。

· 将放入蛋糕糊中的草莓去蒂，纵向对半切，用厨房用纸擦干水分。

· 低筋面粉过筛。

· 在模具中铺上烘焙用纸（参考P10）。

· 在方盘内铺上2张烘焙用纸，放入烤箱的烤盘中。

· 将热水（分量以外）煮沸，冷却到约60℃。

· 烤箱预热到150℃。

做法

1. 制作蛋黄糊。在碗内放入蛋黄，用打蛋器打散，放入细砂糖，用打蛋器画圈搅拌至颜色发白。

2. 将化开的黄油放入1中，搅拌到材料完全融合。

3. 在2中放入低筋面粉，画圈搅拌2~3分钟，直至蛋黄糊具有光泽。

4. 在3中倒入1/4的牛奶，搅拌均匀，使其与蛋黄糊融合。再倒入剩余的牛奶继续搅拌，直至蛋黄糊变成质地均匀的液体。

5. 制作蛋白霜。另取一碗，放入蛋白，用电动打蛋器的低速打发约30秒。放入1/3的细砂糖，一边在碗内大幅度旋转打蛋器，一边用高速打发约30秒。继续放入1/3的细砂糖，用同样的方法打发约30秒。再放入剩余的细砂糖，打发约30秒，然后转低速继续打发约30秒。打发至蛋白霜具有光泽，提起打蛋器有小角立起即可。

6. 在蛋黄糊内倒入蛋白霜，用打蛋器从底部向上翻拌6~7次（大致混合）。再用打蛋器的前端将浮在表面的蛋白霜轻轻打散。

7. 将草莓均匀地铺在模具底部，将6沿着硅胶刮刀慢慢倒入模具中，再用硅胶刮刀将表面抹平。

8. 将模具放入方盘中，在方盘内倒入深约2cm的热水。放入预热好的烤箱下层，烘烤40~45分钟。

9. 将竹扦斜着从蛋糕边缘插入，拿出时粘有黏稠的奶油状的蛋糕糊即可。连同模具一起在室温下静置散热后，盖上保鲜膜，放入冰箱冷藏2小时以上。

10. 制作打发奶油。在碗内放入鲜奶油和细砂糖，将碗底坐入冰水中，用打蛋器打发。打发到提起打蛋器，鲜奶油落下后能在碗中留下痕迹即可（七分发）ⓐ。

11. 给蛋糕脱模，再将蛋糕放在裱花台（或者平盘）上。在蛋糕表面放上2/3的打发奶油ⓑ，用抹刀将奶油均匀地涂抹在蛋糕表面ⓒ和侧面ⓓ。立起抹刀，一边转动裱花台，一边将侧面的奶油涂抹均匀ⓔⓕ，再将表面抹平ⓖ。刮下旋转台上多余的奶油ⓗ，放回碗内。

12. 将剩余的打发奶油倒入装有星形花嘴的裱花袋中，沿着蛋糕表面的边缘像画圈一样挤出6朵小花ⓘⓙ，再放上装饰用的去蒂草莓。

Yaourt
酸奶

材料 [直径15cm的圆形模具1个]

◆ 蛋黄糊

蛋黄·················· 3个（约60g）

细砂糖················· 50g

黄油·················· 50g

低筋面粉················ 80g

原味酸奶（无糖）

·············150g（净重100g）

牛奶················· 250mL

薄荷叶·········· 1片（净重1g）

◆ 蛋白霜

蛋白·················· 3个（约90g）

细砂糖················· 30g

蜂蜜·················· 适量

提前准备

· 将铺有厨房用纸的笊篱放在碗上，倒入酸奶，放入冰箱冷藏4～5小时，沥干水分。

· 将牛奶倒入小锅内，和薄荷一起用小火加热，锅的边缘开始冒泡后关火，盖上锅盖焖约10分钟，取下锅盖，冷却到约50℃。

· 黄油隔水加热化开，冷却到常温（约25℃）。

· 低筋面粉过筛。

· 在模具内铺上烘焙用纸（参考P10）。

· 在方盘内铺上2张烘焙用纸，放入烤箱的烤盘中。

· 将热水（分量以外）煮沸，冷却到约60℃。

· 烤箱预热到150℃。

做法

1. 和P51"基础做法"的 **1～9** 相同，制作蛋黄糊和蛋白霜时要搅拌均匀，再将混合好的蛋糕糊慢慢倒入准备好的模具中，放入预热到150℃的烤箱中隔水蒸烤40～45分钟，散热后放入冰箱冷藏。但是在步骤**3**中，放入低筋面粉混合后，要再倒入酸奶，搅拌到材料完全融合。在步骤**4**中，倒入牛奶前要取出薄荷叶。

2. 给蛋糕脱模，切成喜欢的大小，淋上蜂蜜。

小贴士

· 酸奶的清爽口感十分适合搭配蜂蜜。

· 将酸奶完全沥干水分。若水分含量较多，蛋糕就容易夹生。

· 薄荷受热后会变色，将牛奶倒入蛋黄糊前要将其取出。

 Cassonade-farine de soja

黑糖黄豆粉

材料 [直径15cm的圆形模具1个]

◆ 蛋黄糊

蛋黄	3个（约60g）
黑糖（粉末）	40g
黄油	80g
低筋面粉	55g
黄豆粉	20g
牛奶	270mL

◆ 蛋白霜

蛋白	3个（约90g）
细砂糖	30g
黄豆粉	适量

提前准备

和P50"基础做法"的提前准备相同。但牛奶不用加热，回至常温（约25℃）即可（不用放香草豆荚）。

做法

1. 和P51"基础做法"的 **1~9** 相同，制作蛋黄糊和蛋白霜时要搅拌均匀，再将混合好的蛋黄糊慢慢倒入准备好的模具中，放入预热到150℃的烤箱中隔水蒸烤40~45分钟，散热后放入冰箱冷藏。这里用黑糖代替细砂糖放入蛋黄糊中。在步骤 **3** 中，放入低筋面粉混合后，要再放入黄豆粉，搅拌至材料完全融合。

2. 给蛋糕脱模，切成喜欢的大小，撒上黄豆粉。

小贴士
- 这是一款味道香甜朴实的日式魔法蛋糕。
- 一定要使用粉末状的黑糖制作蛋黄糊。加入黑糖后，搅拌约1分钟，直至混合物变得蓬松。

Noyau d'abricot
杏仁

材料 [直径15cm的圆形模具1个]

◆ 蛋黄糊

蛋黄··························	3个（约60g）
细砂糖······················	50g
黄油·························	80g
低筋面粉···················	75g
牛奶·························	270mL
杏仁霜·····················	1大匙

◆ 蛋白霜

蛋白··························	3个（约90g）
细砂糖······················	30g
混合水果干·················	50g

提前准备

和P50 "基础做法" 的提前准备相同。但要将牛奶倒入小锅中，和杏仁霜一起用小火加热，锅的边缘开始冒泡后关火，静置冷却到约50℃（不用放香草豆荚）。

做法

1. 和P51 "基础做法" 的 **1 ~ 9** 相同，制作蛋黄糊和蛋白霜时要搅拌均匀，再将混合好的蛋糕糊慢慢倒入准备好的模具中，放入预热到150℃的烤箱中隔水蒸烤40 ~ 45分钟，散热后放入冰箱冷藏。但是在步骤 **7** 中，倒入蛋糕糊前，要将混合水果干铺在模具底部。

小贴士

· 杏仁霜是杏仁磨成的粉末，也是大家非常熟悉的杏仁豆腐的基础味道。
· 杏仁霜容易沉到锅底，将牛奶倒入蛋黄糊前，先用硅胶刮刀将杏仁霜从锅底刮起。
· 如果直接将面糊倒入模具中，容易把水果干弄乱，所以要顺着硅胶刮刀慢慢倒入。

IV

咸味魔法蛋糕

Soja vert-crevette

毛豆和鲜虾

▶ 本章制作的魔法蛋糕类似咸味磅蛋糕，可以当作餐点。最好搭配沙拉或者汤类食用。

▶ 由于制作蛋黄糊时没有放入细砂糖，难以和低筋面粉混合，所以要倒入少量牛奶以便搅拌。

▶ 蛋白霜中没有放入细砂糖，容易消泡，所以和蛋黄糊混合时注意不要搅拌过度。

IV "咸味魔法蛋糕"的基础做法

Soja vert-crevette
毛豆和鲜虾

材料［直径15cm的圆形模具1个］

◆ 蛋黄糊

| 蛋黄…… 2个（约40g）
| 蛋黄酱……………………… 20g
| 盐………………………… 1/2小匙
| 胡椒………………………… 少量
| 黄油（有盐）……………… 40g
| 低筋面粉…………………… 50g
| 牛奶…………………… 220mL

◆ 蛋白霜

| 蛋白…… 2个（约60g）

毛豆（煮出光泽后取出）
………………………… 50g

去壳虾………………………… 80g

提前准备

· 牛奶回至常温（约25℃）。
　→室温较低时，用微波炉加热几秒。

· 黄油隔水加热化开，冷却到常温（约25℃）。

· 切开虾背，撒上少量玉米淀粉（分量以外）揉搓，用水洗净后，切成1.5cm长的小段。放入耐热容器中，撒上1/2大匙酒、少量盐（各分量以外），盖上保鲜膜，放入微波炉加热约1分30秒。再倒入笊篱中冷却，用厨房用纸擦干水分。
　→水分会影响蛋糕糊的状态，要将水分完全擦干。

· 低筋面粉过筛。

· 在模具中铺上烘焙用纸，均匀地铺上鲜虾和毛豆。
　→烘焙用纸的铺法在P10有详细说明。

· 在方盘内铺上2张烘焙用纸，放入烤箱的烤盘中。

· 将热水（分量以外）煮沸，冷却到约60℃。

· 烤箱预热到150℃。

小贴士

· 蛋黄糊中加入了蛋黄酱，口感醇厚。用这款蛋糕宴客时，建议搭配白葡萄酒或者香槟酒。

· 食用时搭配红叶生菜，味道会更好。

· 把毛豆的薄皮剥去，口感会更好。也可以使用冷冻毛豆。

1. 将蛋黄和蛋黄酱混合

制作蛋黄糊。在碗内放入蛋黄，用打蛋器打散，放入蛋黄酱、盐、胡椒，搅拌均匀。

制作咸味蛋糕时，要用蛋黄酱代替砂糖。但在本章中，也有的蛋糕不放蛋黄酱，只使用黄油。

放入蛋黄酱搅拌好后，颜色要比放入砂糖时略白。

2. 倒入化开的黄油搅拌

将化开的黄油倒入**1**中，搅拌到材料完全融合。

即使黄油油水分离也没关系。

搅拌到图中的状态即可。

3. 放入低筋面粉搅拌

将低筋面粉倒入**2**中，画圈搅拌均匀。从材料表的牛奶中取出1~2大匙放入碗中，搅拌1~2分钟，画圈搅拌至蛋黄糊具有光泽。

比其他章节做出的蛋黄糊略微黏稠一些。

4. 倒入牛奶搅拌

在**3**中倒入剩余牛奶的1/4，搅拌均匀，使其与蛋黄糊融合。再倒入剩余的牛奶继续搅拌，直至蛋黄糊变成质地均匀的液体。

先加入少量的牛奶和蛋黄糊混合均匀。

最后变成液体状。

5. 打发蛋白

制作蛋白霜。另取一碗，放入蛋白，用电动打蛋器的低速打发约30秒。一边在碗内大幅度旋转打蛋器，一边用高速打发约1分钟，然后转低速继续打发约30秒。打发至蛋白具有光泽，提起打蛋器有小角立起即可。

最初的30秒要把碗倾斜着打发，这样搅拌棒可以和蛋白液充分接触。

由于没有放入砂糖，蛋白难以膨胀，因此要完全打发。

6. 制作蛋糕糊

在蛋黄糊内倒入蛋白霜，用打蛋器从底部向上翻拌5~6次（大致混合）。再用打蛋器的前端将浮在表面的蛋白霜轻轻打散。

和其他的蛋糕一样，粗略搅拌即可。

用打蛋器的前端将表面的蛋白霜抹平。这里没有放入细砂糖，因此要注意蛋白霜容易消泡。

7. 将蛋糕糊倒入模具中

将**6**慢慢倒入模具中，用硅胶刮刀将表面抹平。

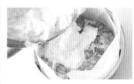

若一次性将蛋糕糊全部放入，则容易破坏铺好的蛋糕底。可以将面糊顺着硅胶刮刀倒入。

要认真将表面抹平。

整理成图中的状态即可。蛋白霜容易消泡，所以要立刻放入烤箱烧烤。

8. 放入烤箱，隔水蒸烤

将模具放入方盘中，在方盘内倒入深约2cm的热水。放入预热好的烤箱下层，烘烤35~40分钟。

热水要提前准备好，以便操作。

9. 散热，放入冰箱冷藏

将竹扦斜着从蛋糕边缘插入，拿出时粘有黏稠的奶油状蛋糕糊即可。连同模具一起在室温下静置散热后，盖上保鲜膜，放入冰箱冷藏2小时以上。脱模，切成喜欢的大小。

若竹扦上粘的蛋糕糊仍接近液体状，就继续烘烤。

Poulet fumé-pamplemousse
烟熏鸡肉和西柚

材料 [边长15cm的慕斯模具1个]

◆ 蛋黄糊

蛋黄……………………	2个（约40g）
芥末酱…………………	15g
盐………………………	1/3小匙
胡椒……………………	适量
黄油（有盐）…………	50g
低筋面粉………………	55g
牛奶……………………	220mL

◆ 蛋白霜

蛋白……………………	2个（约60g）
烟熏鸡肉………………	80g
西柚（白）……………	1/4个（净重50g）

烟熏鸡肉
由提前腌好的鸡肉烟熏制成，具有独特的烟熏味道。若买不到，也可以用沙拉鸡肉代替。

提前准备

· 牛奶回至常温（约25℃）。

· 黄油隔水加热化开，冷却到常温（约25℃）。

· 将烟熏鸡肉切成1cm见方的小块。

· 西柚削皮，剥去里面的薄皮，再取出果肉，将1瓣切成3等份，用厨房用纸擦干水分。

· 低筋面粉过筛。

· 在模具中铺上烘焙用纸，均匀地摆上烟熏鸡肉和西柚（参考P11）。

· 在方盘内铺上2张烘焙用纸，放入烤箱的烤盘中。

· 将热水（分量以外）煮沸，冷却到约60℃。

· 烤箱预热到150℃。

做法

1. 制作蛋黄糊。在碗内放入蛋黄，用打蛋器打散，再放入芥末酱、盐、胡椒，搅拌均匀。

2. 将化开的黄油放入**1**中，搅拌到材料完全融合。

3. 在**2**中放入低筋面粉，画圈搅拌均匀。从材料表的牛奶中取出1~2大匙放入碗中，搅拌1~2分钟，画圈搅拌至蛋黄糊具有光泽。

4. 在**3**中倒入剩余牛奶的1/4，搅拌均匀，使其与蛋黄糊融合。再倒入剩余的牛奶继续搅拌，直至蛋黄糊变成质地均匀的液体。

5. 制作蛋白霜。另取一碗，放入蛋白，用电动打蛋器的低速打发约30秒。一边在碗内大幅度旋转打蛋器，一边用高速打发约1分钟，然后转低速继续打发约30秒。打发至蛋白具有光泽，提起打蛋器有小角立起即可。

6. 在蛋黄糊内倒入蛋白霜，用打蛋器从底部向上翻拌5~6次（大致混合）。再用打蛋器的前端将浮在表面的蛋白霜轻轻打散。

7. 在模具底部均匀地铺上烟熏鸡肉和西柚，将**6**顺着硅胶刮刀慢慢倒入模具中，用硅胶刮刀将表面抹平。

8. 将模具放入方盘中，在方盘内倒入深约2cm的热水。放入预热好的烤箱下层，烘烤35~40分钟。

9. 将竹扦斜着从蛋糕边缘插入，拿出时粘有黏稠的奶油状蛋糕糊即可。连同模具一起在室温下静置散热后，盖上保鲜膜，放入冰箱冷藏2小时以上。脱模，切成喜欢的大小。

小贴士

· 烟熏鸡肉十分适合搭配水灵的西柚。

· 加入蛋黄糊中的胡椒略多一点，味道会更好。

· 也可以撒上白胡椒粒作装饰，更能凸显醇厚的味道。

Sauter des oignons
炒洋葱

材料［直径15cm的圆形模具1个］

◆炒洋葱

| 洋葱（切薄片）………… 1个（200g） |
| 黄油（有盐）…………………… 10g |
| 盐、胡椒…………………… 各少量 |

◆蒜末

| 橄榄油…………………………… 2大匙 |
| 蒜瓣（切薄片）………………… 1瓣 |

◆蛋黄糊

| 蛋黄………………… 2个（约40g） |
| 黄油（有盐）…………………… 60g |
| 盐………………………… 1/2小匙 |
| 胡椒……………………………… 少量 |
| 低筋面粉………………………… 55g |
| 牛奶……………………………250mL |

◆蛋白霜

| 蛋白………………… 2个（约60g） |

提前准备

和P66"基础做法"的提前准备相同（不用加鲜虾和毛豆）。

做法

1. 制作炒洋葱。平底锅用中高火加热，放入黄油和洋葱炒约10分钟。将洋葱炒成褐色后[a]，放入盐和胡椒，翻炒均匀后，倒入盘中冷却。

2. 制作蒜末。在小平底锅内放入橄榄油和蒜瓣，用小火加热，不时地翻炒蒜瓣。将蒜瓣炒成淡褐色后，用厨房用纸擦干油分。

3. 将1均匀地铺在模具底部，用手将1/2的2撕碎，撒在上面。

4. 和P67"基础做法"的1~9相同，制作蛋黄糊和蛋白霜时要搅拌均匀，再将混合好的蛋糕糊慢慢倒入准备好的模具中，放入预热到150℃的烤箱中隔水蒸烤35~40分钟，散热后放入冰箱冷藏。但在制作蛋黄糊时，要用化开的黄油代替蛋黄酱（不用加蛋黄酱）。

5. 给蛋糕脱模，切成喜欢的大小，将剩余的蒜瓣撕碎撒在蛋糕上。

小贴士

· 慢慢翻炒洋葱，炒出甜味，注意不要炒焦。

· 若蒜瓣有内芯，则要将内芯取出，以去除苦味。余热也会使蒜瓣上色，所以炒到略微上色即可。

材料［直径15cm的圆形模具1个］

◆炒菌菇

香菇	3个
白蘑菇	3个
杏鲍菇	2根
黄油（有盐）	10g
盐、胡椒	各少量

◆蛋黄糊

蛋黄	2个（约40g）
黄油（有盐）	60g
盐	1/2小匙
胡椒	少量
低筋面粉	50g
牛奶	220mL

◆蛋白霜

蛋白	2个（约60g）
欧芹（切末）	2大匙

提前准备

· 牛奶回至常温（约25℃）。

· 制作蛋黄糊的黄油隔水加热化开，冷却到常温（约25℃）。

· 低筋面粉过筛。

· 在模具内铺上烘焙用纸（参考P10）。

· 在方盘内铺上2张烘焙用纸，放入烤箱的烤盘中。

· 将热水（分量以外）煮沸，冷却到约60℃。

· 烤箱预热到150℃。

做法

1. 制作炒菌菇。将香菇和白蘑菇切掉茎部，切成薄片。将杏鲍菇齐腰对半切开，再纵向对半切，然后纵向切成薄片。用较强的中火加热平底锅，放入黄油和菌菇快炒，以免将菌菇的水分炒干。撒上盐、胡椒，盛入盘中冷却。

2. 将1的炒菌菇均匀地铺在模具底部，撒上欧芹。

3. 和P67"基础做法"的1～9相同，制作蛋黄糊和蛋白霜时要搅拌均匀，再将混合好的蛋糕糊慢慢倒入准备好的模具中，放入预热到150℃的烤箱中隔水蒸烤40～45分钟，散热后放入冰箱冷藏。但在制作蛋糕糊时，要用化开的黄油代替蛋黄酱（不用加蛋黄酱）。

小贴士
· 这是一款咸派风格的魔法蛋糕。可以选择自己喜欢的菌菇，总量达到150g即可。
· 菌菇炒太过会导致水分流失，从而影响烘烤时间，要特别注意。

Champignons
菌菇

番茄和菠菜

材料［直径15cm的圆形模具1个］

◆ 蛋黄糊

蛋黄	2个（约40g）
酸奶	20g
盐	1/2小匙
粗粒黑胡椒	少量
黄油（有盐）	40g
低筋面粉	55g
牛奶	220mL

◆ 蛋白霜

蛋白	2个（约60g）
迷你番茄	4~5个（50g）
菠菜	50g
格吕耶尔干酪	30g
粗粒黑胡椒	适量

提前准备

· 菠菜焯水，沥干水分。切成1cm长的段，拧干水分。

· 迷你番茄去蒂，切成4等份。

· 格吕耶尔干酪切成1cm见方的小块。

· 和P66"基础做法"的提前准备相同，但不用加鲜虾和毛豆，而是在铺有烘焙用纸的模具底部均匀地铺上菠菜、迷你番茄和格吕耶尔干酪。

做法

1. 和P67"基础做法"的 **1~9** 相同，制作蛋黄糊和蛋白霜时要搅拌均匀，再将混合好的蛋糕糊慢慢倒入模具中，放入预热到150℃的烤箱中隔水蒸烤40~45分钟，散热后放入冰箱冷藏。

2. 脱模，切成喜欢的大小，撒上粗粒黑胡椒。

小贴士

· 将菠菜拧干，以免渗出水分。

· 格吕耶尔干酪是一种瑞士的硬奶酪。加入这种干酪后，布丁层的味道会更浓郁，非常美味。

材料［直径15cm的圆形模具1个］

◆ 蛋黄糊

蛋黄··················	2个（约40g）
黄油（有盐）···········	60g
盐·················	1/2小匙
胡椒··················	少量
低筋面粉···············	50g
牛奶··················	250mL

◆ 蛋白霜

蛋白··················	2个（约60g）

◆ 蜂蜜芥末酱

芥末酱··················	2大匙
蜂蜜··················	1大匙
盐··················	少量
芦笋··················	100g
培根（冷冻）···········	50g

提前准备

· 切掉芦笋坚硬的根部，削去根部5cm以上范围内的皮，再切成2cm长的段。焯水，倒入笊篱中，沥干水分并冷却。
· 培根切成1.5cm见方的小块。
· 和P66"基础做法"的提前准备相同，但不用加鲜虾和毛豆，而是在铺有烘焙用纸的模具底部均匀地铺上芦笋和培根。

做法

1. 和P67"基础做法"的**1~9**相同，制作蛋黄糊和蛋白霜时要搅拌均匀，再将混合好的蛋糕糊慢慢倒入准备好的模具中，放入预热到150℃的烤箱中隔水蒸烤40~45分钟，散热后放入冰箱冷藏。但在制作蛋糕糊时，要用化开的黄油代替蛋黄糊（不用加蛋黄酱）。

2. 制作蜂蜜芥末酱。在碗内放入制作蜂蜜芥末酱的所有材料，搅拌均匀。

3. 给蛋糕脱模，切成喜欢的大小，淋上**2**的蜂蜜芥末酱。

小贴士

芥末酱和蜂蜜搭配做成令人惊艳的酱汁。这款酱汁适合搭配肉类菜品。

Asperges vertes bacon
芦笋和培根

Pommes de terre-brocoli-bacon-moutarde

马铃薯、西蓝花、培根、芥末酱

材料［边长15cm的慕斯模具1个］

◆蛋黄糊

蛋黄··························	2个（约40g）
芥末粒·························	30g
橄榄油·························	1小匙
盐····························	1/3小匙
胡椒···························	少量
黄油（有盐）··················	50g
低筋面粉······················	55g
牛奶··························	220mL

◆蛋白霜

蛋白··························	2个（约60g）

马铃薯·········· 小号1/2个（净重50g）	
西蓝花·························	50g
培根（冷冻）··················	50g

提前准备

· 牛奶回至常温（约25℃）。

· 黄油隔水加热化开，冷却到常温（约25℃）。

· 将马铃薯切成宽5mm的细丝，放入水中浸泡，沥干水分。放入耐热容器中 [a]，盖上保鲜膜，放入微波炉加热约1分钟。倒入笊篱中冷却，再用厨房用纸擦干水分。

· 西蓝花撕成小朵，放入耐热容器中 [a]，盖上保鲜膜，放入微波炉加热约1分钟。倒入笊篱中冷却，用厨房用纸擦干水分。

· 培根切成1.5cm见方的小块 [a]。

· 低筋面粉过筛。

· 在模具中铺上烘焙用纸（参考P11），再把切好的马铃薯、西蓝花和培根均匀地铺在模具底部。

· 在方盘内铺上2张烘焙用纸，放入烤箱的烤盘中。

· 将热水（分量以外）煮沸，冷却到约60℃。

· 烤箱预热到150℃。

做法

1. 制作蛋黄糊。在碗内放入蛋黄，用打蛋器打散，放入芥末粒、橄榄油、盐、胡椒，搅拌均匀。

2. 放入化开的黄油，搅拌到材料完全融合。

3. 在**2**中放入低筋面粉，画圈搅拌均匀。从材料表的牛奶中取出1～2大匙放入碗中，搅拌1～2分钟，画圈搅拌至蛋黄糊具有光泽。

4. 在**3**中倒入剩余牛奶的1/4，搅拌均匀，使其与蛋黄糊融合。再倒入剩余的牛奶继续搅拌，直至蛋黄糊变成质地均匀的液体。

5. 制作蛋白霜。另取一碗，放入蛋白，用电动打蛋器的低速打发约30秒。一边在碗内大幅度旋转打蛋器，一边用高速打发约1分钟，然后转低速继续打发约30秒。打发至蛋白具有光泽，提起打蛋器有小角立起即可。

6. 在蛋黄糊内倒入蛋白霜，用打蛋器从底部向上翻拌5～6次（大致混合）。再用打蛋器的前端将浮在表面的蛋白霜轻轻打散。

7. 将**6**顺着硅胶刮刀慢慢倒入模具中，用硅胶刮刀将表面抹平。

8. 将模具放入方盘中，在方盘内倒入深约2cm的热水。放入预热好的烤箱下层，烘烤40～45分钟。

9. 将竹扦斜着从蛋糕边缘插入，拿出时粘有黏稠的奶油状蛋糕糊即可。连同模具一起在室温下静置散热后，盖上保鲜膜，放入冰箱冷藏2小时以上。脱模，切成喜欢的大小。

小贴士

· 食材多样，口感丰富。建议当作休息日的午餐。

· 将食材切成小块放入蛋糕中，这样便于分切蛋糕。

Thon-garbanzo
鱼肉和鹰嘴豆

材料[直径15cm的圆形模具1个]

◆蛋黄糊

蛋黄	2个（约40g）
橄榄油	1小匙
盐	1/2小匙
胡椒	少量
黄油（有盐）	40g
低筋面粉	55g
牛奶	250mL

◆蛋白霜

蛋白	2个（约60g）

鱼肉（罐装·大块）

1/2罐（净重70g）

鹰嘴豆（干燥） 50g

提前准备

· 和P66"基础做法"的提前准备相同，但不用加鲜虾和毛豆，而是在铺有烘焙用纸的模具底部均匀地铺上鱼肉和鹰嘴豆。
· 将鱼肉放在铺有厨房用纸的方盘内，沥干油分。

做法

和P67"基础做法"的**1~9**相同，制作蛋黄糊和蛋白霜时要搅拌均匀，再将混合好的蛋糕糊慢慢倒入模具中，放入预热到150℃的烤箱中隔水蒸烤35~40分钟，散热后放入冰箱冷藏。但是在制作蛋黄糊时，要用橄榄油代替蛋黄酱（不加蛋黄酱）。

小贴士

· 为了品尝鱼肉的口感，建议选用大块鱼肉。也可以用鱼肉薄片。
· 蛋黄和橄榄油混合时，要充分搅拌均匀，避免油水分离。

材料 [直径15cm的圆形模具1个]

◆ 蛋黄糊

蛋黄	2个（约40g）
橄榄油	1小匙
盐	1/2小匙
胡椒	少量
辣椒粉	1/2小匙
黄油（有盐）	40g
低筋面粉	55g
牛奶	220mL

◆ 蛋白霜

| 蛋白 | 2个（约60g） |

香肠	2根（40g）
牛油果	1/2个（净重50g）
番茄	小号1/2个（50g）

提前准备

· 牛奶回至常温（约25℃）。

· 黄油隔水加热化开，冷却到常温（约25℃）。

· 香肠切成1cm见方的小块。

· 牛油果去皮去核，切成1cm见方的小块，淋上1/2小匙柠檬汁（分量以外）。

· 番茄去蒂，切成1.5cm见方的小块，放在铺有厨房用纸的方盘内，沥干水分。

· 低筋面粉过筛。

· 在模具内铺上烘焙用纸（参考P10），再在底部均匀地铺上切好的香肠、牛油果和番茄。

· 在方盘内铺上2张烘焙用纸，放入烤箱的烤盘中。

· 将热水（分量以外）煮沸，冷却到约60℃。

· 烤箱预热到150℃。

做法

和P67 "基础做法" 的 **1~9** 相同，制作蛋黄糊和蛋白霜时要搅拌均匀，再将混合好的蛋糕糊慢慢倒入模具中，放入预热到150℃的烤箱中隔水蒸烤35~40分钟，散热后放入冰箱冷藏。但是在制作蛋黄糊时，要用橄榄油和辣椒粉代替蛋黄酱（不用加蛋黄酱）。

小贴士

· 这款蛋糕使用了牛油果和番茄的经典组合，还增添了香料的香气。

Chili
辣椒粉

Oignon vert fromage
大葱和奶酪

材料 [直径15cm的圆形模具1个]

◆炒大葱

大葱	1根（100g）
黄油（有盐）	10g
盐、胡椒	各少量

◆蛋黄糊

蛋黄	2个（约40g）
黄油（有盐）	50g
盐	1/2小匙
胡椒	少量
低筋面粉	50g
牛奶	230mL

◆蛋白霜

蛋白	2个（约60g）
再生奶酪	60g

提前准备

· 和P66"基础做法"的提前准备相同（不用加鲜虾和毛豆）。

· 将再生奶酪切成1cm见方的小块。

做法

1. 制作炒大葱。大葱切成小段。用较强的中火加热平底锅，放入黄油和大葱炒熟。大葱变软后撒上盐、胡椒，盛入盘内冷却。再将炒好的大葱均匀地铺在垫好烘焙用纸的模具中。

2. 和P67"基础做法"的**1～9**相同，制作蛋黄糊和蛋白霜时要搅拌均匀，再将混合好的蛋糕糊慢慢倒入模具中，放入预热到150℃的烤箱中隔水蒸烤35～40分钟，散热后放入冰箱冷藏。但是在制作蛋黄糊时，要用橄榄油代替蛋黄酱（不用加蛋黄酱）。

小贴士

· 添加奶酪的风味，做成类似奶汁烤菜的味道。

· 炒大葱会给蛋糕增添甜味，炒出香气后，还会使蛋糕的味道更丰富。也可以只使用大葱的绿色部分。

材料 [直径15cm的圆形模具1个]

◆ 蛋黄糊

蛋黄··················	2个（约40g）
黄油（有盐）··········	40g
盐····················	1/3小匙
胡椒··················	少量
低筋面粉··············	50g
牛奶··················	200mL

青酱

薄荷叶················	10g
松子··················	5g
蒜末··················	少量
橄榄油················	1大匙

◆ 蛋白霜

蛋白··················	2个（约60g）
凤尾鱼（块状）········	2片（8g）
帕尔马奶酪············	5g

提前准备

·牛奶回至常温（约25℃）。

·制作蛋黄糊的黄油隔水加热化开，冷却到常温（约25℃）。

·凤尾鱼切成粗块。

·低筋面粉过筛。

·在模具内铺上烘焙用纸（参考P10）。

·在方盘内铺上2张烘焙用纸，放入烤箱的烤盘中。

·将热水（分量以外）煮沸，冷却到约60℃。

·烤箱预热到150℃。

做法

1. 制作青酱。将薄荷叶和松子切碎放入碗内，放入蒜末和橄榄油搅拌均匀。

2. 和P67"基础做法"的 **1~9** 相同，制作蛋黄糊和蛋白霜时要搅拌均匀，再将混合好的蛋糕糊慢慢倒入模具中，放入预热到150℃的烤箱中隔水蒸烤35~40分钟，散热后放入冰箱冷藏。但是在制作蛋黄糊时，要用橄榄油代替蛋黄酱（不用加蛋黄酱）。将蛋黄糊与牛奶混合后，再放入青酱和凤尾鱼搅拌均匀。在步骤**7**中，将蛋糕糊倒入模具并抹平表面后，撒上帕尔马奶酪。

小贴士

·奶酪的醇厚和薄荷的清新、凤尾鱼的浓郁完美融合。

·帕尔马奶酪是一种意大利的硬奶酪。也可以用奶酪粉代替。

Genovese
青酱

TITLE：［魔法のケーキ plus］

By：［荻田 尚子］

Copyright © 2016 Hisako Ogita

Original Japanese language edition published by SHUFU TO SEIKATSUSHA CO., LTD.

All rights reserved. No part of this book may be reproduced in any form without the written permission of the publisher.

Chinese translation rights arranged with SHUFU TO SEIKATSUSHA CO., LTD., Tokyo through NIPPAN IPS Co., Ltd.

本书由日本株式会社主妇与生活社授权北京书中缘图书有限公司出品并由煤炭工业出版社在中国范围内独家出版本书中文简体字版本。

著作权合同登记号：01-2019-0447

图书在版编目（CIP）数据

魔法蛋糕plus /（日）荻田尚子著；周小燕译. ––
北京：煤炭工业出版社，2019
　　ISBN 978-7-5020-7114-1

　　Ⅰ.①魔…　Ⅱ.①荻…　②周…　Ⅲ.①蛋糕—糕点加
工　Ⅳ.①TS213.23

　　中国版本图书馆CIP数据核字（2018）第291404号

魔法蛋糕 plus

著　　者	（日）荻田尚子		译　者	周小燕
策划制作	北京书锦缘咨询有限公司（www.booklink.com.cn）			
总 策 划	陈庆		策　划	李伟
责任编辑	马明仁		编　辑	郭浩亮
设计制作	柯秀翠			

出版发行　煤炭工业出版社（北京市朝阳区芍药居35号　　100029）
电　　话　010-84657898（总编室）　　010-84657880（读者服务部）
网　　址　www.cciph.com.cn
印　　刷　北京瑞禾彩色印刷有限公司
经　　销　全国新华书店

开　　本　787mm×1092mm¹/₁₆　印张　5　字数　75千字
版　　次　2019年5月第1版　2019年5月第1次印刷
社内编号　20181634　　　　　定价　49.80元

版权所有　违者必究
本书如有缺页、倒页、脱页等质量问题，本社负责调换，电话：010-84657880